T0131546

essentials

essentials liefern aktuelles Wissen in konzentrierter Form. Die Essenz dessen, worauf es als „State-of-the-Art" in der gegenwärtigen Fachdiskussion oder in der Praxis ankommt. *essentials* informieren schnell, unkompliziert und verständlich

- als Einführung in ein aktuelles Thema aus Ihrem Fachgebiet
- als Einstieg in ein für Sie noch unbekanntes Themenfeld
- als Einblick, um zum Thema mitreden zu können

Die Bücher in elektronischer und gedruckter Form bringen das Expertenwissen von Springer-Fachautoren kompakt zur Darstellung. Sie sind besonders für die Nutzung als eBook auf Tablet-PCs, eBook-Readern und Smartphones geeignet. *essentials:* Wissensbausteine aus den Wirtschafts, Sozial- und Geisteswissenschaften, aus Technik und Naturwissenschaften sowie aus Medizin, Psychologie und Gesundheitsberufen. Von renommierten Autoren aller Springer-Verlagsmarken.

Weitere Bände in der Reihe http://www.springer.com/series/13088

Susanne Schindler-Tschirner ·
Werner Schindler

Mathematische Geschichten I – Graphen, Spiele und Beweise

Für begabte Schülerinnen und Schüler in der Grundschule

Susanne Schindler-Tschirner
Sinzig, Deutschland

Werner Schindler
Sinzig, Deutschland

ISSN 2197-6708 ISSN 2197-6716 (electronic)
essentials
ISBN 978-3-658-25497-1 ISBN 978-3-658-25498-8 (eBook)
https://doi.org/10.1007/978-3-658-25498-8

Die Deutsche Nationalbibliothek verzeichnet diese Publikation in der Deutschen Nationalbibliografie; detaillierte bibliografische Daten sind im Internet über http://dnb.d-nb.de abrufbar.

Springer Spektrum

Springer Spektrum ist ein Imprint der eingetragenen Gesellschaft Springer Fachmedien Wiesbaden GmbH und ist ein Teil von Springer Nature
Die Anschrift der Gesellschaft ist: Abraham-Lincoln-Str. 46, 65189 Wiesbaden, Germany

Was Sie in diesem *essential* finden können

- Lerneinheiten in Geschichten
- Graphen
- Mathematische Spiele
- Beweise
- Musterlösungen

Vorwort

Konzeption und Ausgestaltung dieses *essentials* und von Band II der „Mathematischen Geschichten" (Schindler-Tschirner und Schindler 2019) resultieren aus den Erfahrungen aus einer Mathematik-AG für begabte Schülerinnen und Schüler, die der zweite Autor an der Grundschule in Oberwinter (Rheinland-Pfalz) geleitet hat. Daran nahmen zwölf Schülerinnen und Schüler der Klassenstufen 3 und 4 teil. Das waren 10 % aller Schülerinnen und Schüler dieser beiden Klassenstufen. Davon konnten später mindestens[1] drei Schülerinnen und Schüler bei überregionalen Mathematikwettbewerben Preise gewinnen.

Selbstverständlich gehen die Autoren nicht davon aus, dass diese Erfolge nur durch die Teilnahme an dieser Mathematik-AG ermöglicht wurden. Vielmehr möchten wir mit den beiden *essentials* einen Beitrag leisten, Interesse und Freude an der Mathematik zu wecken und mathematische Begabungen zu fördern.

Sinzig
im Januar 2019

Susanne Schindler-Tschirner
Werner Schindler

---

[1]Die Autoren haben nicht mehr zu allen Teilnehmern der Mathematik-AG Kontakt.

Inhaltsverzeichnis

Einführung 1

Von der Einführung abgesehen, besteht dieses essential aus zwei Teilen, die jeweils sechs Kapitel umfassen. Teil I enthält Aufgaben und Teil II die ausführlich besprochenen Musterlösungen mit didaktischen Anregungen, mathematischen Zielsetzungen und Ausblicken. Dieses Buch und der Folgeband (Schindler-Tschirner und Schindler 2019) richten sich an Leiterinnen und Leiter[1] von Arbeitsgemeinschaften und Förderkursen für mathematisch begabte Schülerinnen und Schüler der Klassenstufen 3 und 4, an Lehrkräfte, die differenzierenden Mathematikunterricht praktizieren, aber auch an engagierte Eltern für eine außerschulische Förderung. Die Musterlösungen sind auf die Leitung von AGs zugeschnitten; entsprechend modifiziert können sie aber auch Eltern als Leitfaden dienen, die dieses Buch gemeinsam mit ihren Kindern durcharbeiten. Im Aufgabenteil wird der Leser mit „du", im Anweisungsteil mit „Sie" angesprochen.

1.1 Mathematische Ziele

Dieses *essential* soll Freude an der Mathematik ebenso vermitteln wie die Einsicht, dass Mathematik nicht nur im Erlernen mehr oder minder komplizierter „Kochrezepte" besteht. Es unterscheidet sich grundlegend von manchen reinen Aufgabensammlungen, die zwar interessante und keineswegs triviale Mathematikaufgaben „zum Knobeln" enthalten, bei denen aus unserer Sicht aber

[1]Um umständliche Formulierungen zu vermeiden, wird im Folgenden meist nur die maskuline Form verwendet. Dies betrifft Begriffe wie Lehrer, Kursleiter, Schüler etc.

S. Schindler-Tschirner und W. Schindler, *Mathematische Geschichten I – Graphen, Spiele und Beweise,* essentials,
https://doi.org/10.1007/978-3-658-25498-8_1

das gezielte Erlernen und Anwenden von mathematischen Techniken zu kurz kommen.

Die mathematische Begabung von Grundschulkindern und deren Förderung spielen seit mehreren Jahrzehnten in der Grundschulpädagogik eine wichtige Rolle. Dieses Buch geht auf allgemeine didaktische Überlegungen und Theorien zur Begabtenförderung nicht näher ein, wenngleich das Literaturverzeichnis für den interessierten Leser eine Auswahl einschlägiger Publikationen enthält. Dieses *essential* konzentriert sich auf die Aufgaben, die angewandten mathematischen Methoden und Techniken und auf konkrete didaktische Anregungen zur Umsetzung in einer Begabten-AG. Dieses *essential* setzt kein besonderes Mathematiklehrbuch in der Grundschule voraus.

Im Schulunterricht benötigen leistungsstarke Schüler normalerweise nur wenig Ausdauer, um die gestellten Mathematikaufgaben zu lösen. Das geht meist ziemlich „straight forward", und oft langweilen sich die Kinder nach kurzer Zeit. Es erschien den Autoren wenig sinnvoll, lediglich etwas kompliziertere Aufgabenstellungen als im Schulunterricht zu besprechen. Stattdessen enthält dieses Buch Aufgaben, die im normalen Schulunterricht kaum Vorbilder haben und die das mathematische Denken der Kinder fördern. Es werden auch begabte Schüler kaum Aufgaben finden, die sie „einfach so" lösen können. Die Aufgaben stellen für sie auch in dieser Hinsicht eine neue Herausforderung dar.

Die Schüler werden in den Aufgabenkapiteln hingeführt, die Lösungen möglichst selbstständig (wohl aber mit gezielten Hilfen des Kursleiters!) zu erarbeiten. Die Lösung der gestellten Aufgaben erfordert ein hohes Maß an mathematischer Fantasie und Kreativität, die durch die Beschäftigung mit mathematischen Problemen gefördert werden. Anders als in dem Folgeband (Schindler-Tschirner und Schindler 2019) wird in diesem Band nicht „gerechnet", was für die Kinder die erste Überraschung darstellt. So machen die Schüler sehr schnell die Erfahrung, dass Mathematik mehr als nur Rechnen ist.

Kap. 2 behandelt Wegeprobleme, von denen einige keine Lösungen besitzen. Um dies zu beweisen, müssen aus einem Stadtplan zunächst die relevanten Informationen extrahiert und durch einen Graphen modelliert werden. Mit einem Färbebeweis wird schließlich gezeigt, dass tatsächlich keine Lösungen existieren können. Graphen und natürlich erst recht das Führen eines streng logischen mathematischen Beweises ist für die Kinder Neuland. Das ist erst einmal „schwere Kost", vermittelt aber auch erste Einsichten, worauf es in der Mathematik ankommt. In Kap. 3 werden zunächst die Wegeprobleme aus Kap. 2 aufgegriffen, jedoch mit einem geringfügig veränderten Stadtplan. Damit bricht nicht nur der Beweis aus Kap. 2 zusammen, sondern es wird auch die Aussage falsch. Die Schüler lernen dabei, dass auch kleine Veränderungen in den

Voraussetzungen erhebliche Auswirkungen haben können. Der Rest von Kap. 3 befasst sich mit Überdeckungsaufgaben. Mit einem weiteren Färbebeweis wird gezeigt, dass eine gestellte Aufgabe keine Lösung haben kann. In Kap. 4 wird ein mathematisches Spiel systematisch analysiert und die optimale Spielstrategie bestimmt. Die Schüler lernen, wie man ein Spiel auf einfachere Varianten desselben Spiels zurückführen und so die Gewinnstrategie bestimmen kann. In Kap. 5 wird noch ein ähnliches Spiel analysiert. Durch die Adaption der Strategie auf ein anderes Spiel wird die Vorgehensweise aus Kap. 4 noch einmal eingeübt und das Verständnis vertieft. Auch Kap. 6 behandelt ein Realweltproblem, nämlich Worträtsel. Es stellt sich die Frage, wie häufig ein bestimmtes Wort in einer Wabenstruktur auftritt. Es erfolgt zunächst eine Modellierung durch einen gerichteten Graphen, und danach wird die Aufgabe schrittweise vereinfacht, bis die Lösung erzielt ist. Das Vorgehen ist methodisch nicht ganz einfach, und deshalb knüpft Kap. 7 unmittelbar an Kap. 6 an. Dies gibt den Kindern die Gelegenheit, das Gelernte noch einmal einzuüben und zu vertiefen. Als Ergebnis kommen konkrete Zahlen heraus, womit die Kinder natürlich vertraut sind. Außerdem wird dies den Kindern zusätzliche Erfolgserlebnisse bescheren. In Tab. II.1 sind die mathematischen Techniken zusammengestellt, die in den einzelnen Kapiteln erlernt werden.

Für weitergehenden Erfolg in der Mathematik ist es unverzichtbar, eigene Ideen zu entwickeln, auszuprobieren und zu modifizieren. Von erheblicher Bedeutung ist dabei die Fähigkeit, bereits Erlerntes in einer modifizierten Form wiederzuerkennen („Wo habt ihr das schon einmal gesehen?"). Unverzichtbar ist auch eine gewisse Frustrationstoleranz, das heißt, erfolglose Lösungsansätze „zu verkraften" und immer wieder neue Ideen zu entwickeln und zu verfolgen. Hinzu kommen „Softskills" wie Geduld, Ausdauer und Zähigkeit. Diese Eigenschaften werden durch die Arbeit mit den Aufgaben dieses *essentials* ebenfalls trainiert; siehe hierzu auch die Abschn. 13.3 und 13.6 in Käpnick (2014). In dieser Hinsicht liefern die Aufgaben dieses Buches sogar erste Erfahrungen, die, blickt man sehr weit in die Zukunft, auch für ein etwaiges späteres Studium der Mathematik, der Informatik oder der Natur- und Ingenieurwissenschaften hilfreich sind.

Neben der Lösung der Aufgaben selbst liegt der Fokus auch auf den verwendeten mathematischen Methoden. Die erlernten mathematischen Methoden und Techniken finden auch bei Mathematikwettbewerben der Unter- und Mittelstufe (und vereinzelt sogar der Oberstufe) reichlich Anwendung, etwa bei der alljährlich stattfindenden Mathematikolympiade mit klassenspezifischen Aufgaben ab Klasse 3 (Mathematik-Olympiaden e. V. 1996–2016, 2013b, 2017–2018), dem Bundeswettbewerb Mathematik (Langmann et al. 2016) und der Fürther Mathematik-Olympiaden (Verein Fürther Mathematik-Olympiade e. V. 2013; Jainta et al. 2018), um nur einige zu nennen.

Für den interessierten Leser enthält das Literaturverzeichnis eine Reihe weiterer Bücher mit Aufgaben und Lösungen aus nationalen und internationalen Mathematikwettbewerben sowie Aufgabensammlungen, die sich jedoch meist an ältere Schüler richten. Eine besondere Rolle spielt hier der Känguru-Wettbewerb (Noack et al. 2014) aufgrund seiner Aufgabenstruktur (Multiple-Choice). Die Aufgabensammlungen Schiemann und Wöstenfeld (2017) und (2018) enthalten eine Auswahl der interessantesten Aufgaben aus dem alljährlich im Dezember stattfindenden Schülerwettbewerb „Mathe im Advent", den die Deutsche Mathematiker-Vereinigung (DMV) 2008 ins Leben gerufen hat und der seit 2016 von Mathe im Leben gGmbH ausgerichtet wird. Die Aufgaben besitzen unterschiedlichen Schwierigkeitsgrad und sollen eine breite Schicht von interessierten Schülern ansprechen.

Hervorgehoben werden sollte auch Monoid, eine Mathematikzeitschrift für Schülerinnen und Schüler, die von der Universität Mainz herausgegeben wird (Institut für Mathematik der Johannes-Gutenberg Universität Mainz 1981–2019). Ferner sei auf Beutelspacher (2005), Enzensberger (2018) und Beutelspacher und Wagner (2010) verwiesen, die Mathematik in unterhaltsamer Weise mit Belletristik verbinden und zum Schmökern einladen bzw. zu mathematischen Experimenten animieren.

Es entspricht der Erfahrung der beiden Autoren, dass es bei überregionalen Mathematikwettbewerben ab der Mittelstufe normalerweise zu einer Häufung von Teilnehmern aus wenigen Schulen kommt. Häufig wird dort interessierten Schülern eine gezielte Förderung durch Mathematik-AGs oder andere Maßnahmen angeboten. Als ehemalige Stipendiaten der Studienstiftung des deutschen Volkes ist beiden Autoren Begabtenförderung ein besonderes Anliegen. Beide *essentials* enthalten sorgfältig ausgearbeitete Lerneinheiten mit ausführlichen Musterlösungen für Mathematik-AGs für begabte Schülerinnen und Schüler in der Grundschule. Damit möchten wir einen Beitrag zur Begabtenförderung in der Grundschule leisten. Neben den mathematischen Inhalten möchten wir bei den Schülern Freude an der Mathematik wecken und zu mathematischen Entdeckungen ermuntern.

1.2 Didaktische Anmerkungen

Teil II enthält ausführliche Musterlösungen zu den Aufgaben aus Teil I mit didaktischen Hinweisen und Hilfestellungen zur Umsetzung in einer AG. Die aufgezeigten Lösungswege sind so konzipiert, dass sie auch für Nicht-Mathematiker verständlich und nachvollziehbar sind. Die Musterlösungen sind nicht direkt für die Kinder bestimmt. Außerdem werden die mathematischen Ziele der jeweiligen Kapitel erläutert, und es werden Ausblicke gegeben, wo die erlernten mathematischen Techniken in der Mathematik und der Informatik zur Anwendung kommen.

Die Fähigkeiten der teilnehmenden Schüler sollten nicht unterschätzt, aber auch nicht überschätzt werden. Ihnen sollte unbedingt von Beginn an (wiederholt) erklärt werden, dass auch von sehr guten Schülern keineswegs erwartet wird, dass sie alle Aufgaben selbstständig lösen können. Das ist sehr wichtig, da eine dauerhafte Überforderung und/oder (gefühlte) Erfolglosigkeit zu nachhaltigen Frustrationen führen kann, die der Einstellung zur Mathematik bestimmt nicht förderlich sind. Das wäre das Gegenteil dessen, was dieses *essential* erreichen möchte. Daher sollten die Teilnehmer sorgfältig ausgewählt werden. In der oben angesprochenen Mathematik-AG wurden die Teilnehmer von den Klassenlehrerinnen der Jahrgangsstufen 3 und 4 vorgeschlagen.

Die Kap. 2 bis 7 bestehen aus vielen Teilaufgaben, deren Schwierigkeitsgrad normalerweise ansteigt. Leistungsschwächere Schüler sollten bevorzugt die einfacheren Teilaufgaben bearbeiten. Einige Teilaufgaben eignen sich sehr gut für eine Bearbeitung in Kleingruppen von 2 bis 3 Schülern. In den Musterlösungen wird zuweilen darauf hingewiesen. Der Kursleiter sollte den Schülern genügend Zeit einräumen, eigene Lösungswege zu entdecken und auch Lösungsansätze zu verfolgen, die nicht den Musterlösungen entsprechen.

Es ist nicht einfach, wenn nicht gar unmöglich, Aufgaben zu entwickeln, die optimal auf die Bedürfnisse jeder Mathematik-AG oder jedes Förderkurses zugeschnitten sind. Es liegt im Ermessen des Kursleiters, Teilaufgaben wegzulassen oder eigene Teilaufgaben hinzuzufügen. So kann er den Schwierigkeitsgrad in einem gewissen Rahmen beeinflussen und der Leistungsfähigkeit der Kursteilnehmer anpassen. Dem Erfassen und Verstehen der Lösungsstrategien durch die Schüler sollte in jedem Fall Vorrang vor dem Ziel eingeräumt werden, möglichst alle Teilaufgaben zu „schaffen". Die einzelnen Kapitel dürften in der Regel mehr als ein Kurstreffen erfordern.

Arbeitet der Kursleiter mit Aufgabenblättern, sollten diese gemeinsam gelesen werden; allerdings jeweils nur diejenigen Teilaufgabe(n), die als Nächstes zur Bearbeitung anstehen. Alle Teilaufgaben auf einmal vorzustellen, könnte bei den Teilnehmern schon zu Beginn zu schneller Entmutigung und Resignation führen. Ein bewährtes Vorgehen ist das Vorlesen der Aufgabe durch einen leistungsstarken Schüler und, sofern notwendig, die Klärung der Aufgabenstellung. Da an der AG jüngere Schüler teilnehmen, ist dieser Schritt sehr wichtig. Verständnisprobleme bei den Aufgabenstellungen sollten nicht unterschätzt werden.

Normalerweise sollte mit Aufgabenteil a) begonnen werden. Jeder Schüler sollte eine angemessene Zeit (abhängig vom Leistungsstand der Lerngruppe) zur Verfügung haben, allein (gegebenenfalls mit Hilfestellung) über die Aufgabenstellung nachzudenken. Danach werden die verschiedenen Ideen, Lösungsansätze oder vielleicht sogar fertige Lösungen gesammelt. Jeder Schüler sollte regelmäßig die Gelegenheit erhalten, seinen Lösungsansatz bzw. seine Lösung vor den anderen zu präsentieren. Dadurch wird nicht nur das eigene Vorgehen nochmals reflektiert, sondern auch so wichtige Kompetenzen wie eine klare Darstellung der eigenen Überlegungen und mathematisches Argumentieren geübt; vgl. auch Nolte (2006, S. 94).

In der erwähnten Mathematik-AG waren die Viertklässler im Durchschnitt deutlich leistungsstärker als die Drittklässler. Dies lag nicht daran, dass den Drittklässlern notwendige mathematische Vorkenntnisse gefehlt hätten. Vielmehr dürfte dies das Ergebnis einer größeren intellektuellen Reife der älteren Schüler sein. Dies mag für erfahrene Lehrkräfte wenig überraschend sein. Jedenfalls sollte der Kursleiter diesen Effekt im Auge behalten.

Die Einbettung der Aufgaben in eine große, fortlaufende Abenteuergeschichte bildet nicht nur den Erzählrahmen, sondern gibt den Kindern auch ein Gefühl der Geborgenheit. Zu Beginn jeder neuen Unterrichtsstunde holt der Lehrende die Kinder wieder in die märchenhafte, verzauberte Welt von Clemens zurück, um Berührungsängste mit den Aufgabenstellungen gar nicht erst aufkommen zu lassen.

1.3 Der Erzählrahmen

Anna und Bernd gehen in die dritte Klasse. Ihr Lieblingsfach ist Mathematik, und darin sind sie auch ziemlich gut. Sie möchten unbedingt in den Klub der begeisterten jungen Mathematikerinnen und Mathematiker, oder kürzer gesagt, in den CBJMM (Abb. 1.1), eintreten. Leider darf man laut Klubsatzung erst in den CBJMM eintreten, wenn man mindestens die fünfte Klasse besucht. Ausnahmen hat es bislang nicht gegeben.

Allerdings sind Anna und Bernd sehr hartnäckig, und schließlich macht ihnen der Klubvorsitzende Carl Friedrich ein Angebot: „Na gut, ich gebe euch eine Chance, schon jetzt in den CBJMM einzutreten. Dafür müsst ihr aber zuerst beweisen, dass ihr diese Sonderbehandlung auch verdient. Dazu müsst ihr dem Zauberlehrling Clemens dabei helfen, zwölf mathematische Abenteuer[2] zu bestehen. Um ein richtiger Zauberer werden zu können, muss Clemens sich durch das Lösen von schwierigen Mathematikaufgaben eine Reihe von Zauberutensilien (z. B. einen Zauberstab oder ein Quäntchen Drachensalbe) verdienen. Damit ihr es gleich wisst: Clemens ist das Klubmaskottchen des CBJMM.“

[2]jeweils sechs Abenteuer in diesem *essential* (Kap. 2 bis 7) und in Band II.

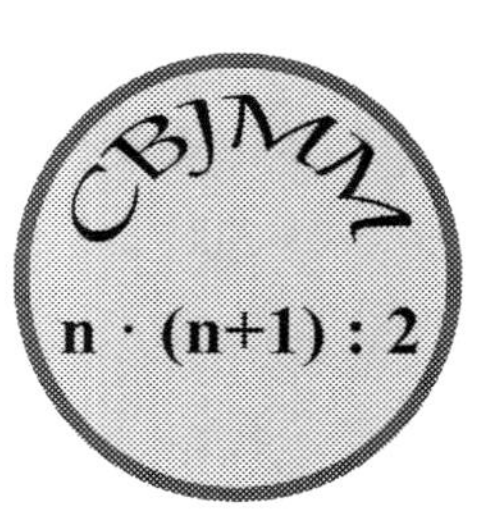

Abb. 1.1 Wappen des CBJMM

Und er fügt noch hinzu: „Damit eins klar ist: Ihr werdet zusammen aufgenommen oder gar nicht. Ihr müsst also lernen, mathematische Probleme gemeinsam zu lösen."

Dann grinst Carl Friedrich ein wenig, wendet sich ab und geht weg. Er kann sich absolut nicht vorstellen, dass Anna und Bernd diese Aufnahmeprüfung bestehen. Ob er sich da nicht irrt?

Teil I
Aufgaben

Es folgen 6 Kapitel mit Aufgaben. Im Erzählkontext sind dies die mathematischen Abenteuer von Zauberlehrling Clemens. Es werden neue mathematische Begriffe und Techniken eingeführt. Die Erzählung und die Aufgabenstellungen (und natürlich der Kursleiter!) leiten die Kinder auf den richtigen Lösungsweg.

Jedes Kapitel endet mit einem Abschnitt, der die aktuelle Situation aus Sicht von Anna, Bernd und Clemens beschreibt. Mit einer kurzen Zusammenfassung, was die Schüler in diesem Kapitel gelernt haben, tritt dieser Abschnitt am Ende aus dem Erzählrahmen heraus. Diese Beschreibung erfolgt nicht in Fachtermini wie in Tab. II.1, sondern in schülergerechter Sprache.

2 Bunte Mathematik

Zauberlehrling Clemens wohnt in Rechtwinkelshausen. Clemens möchte im dortigen Zauberladen einen Zauberstab kaufen. „So einfach geht das nicht", brummt Mercator Magicus, der Besitzer des Zauberladens. „Einen Zauberstab bekommt nämlich nur der, der zuvor knifflige Mathematikaufgaben gelöst hat. Wo wohnst du, Clemens?" „Im Winkelsweg 13", antwortet Clemens. „Schön, da fallen mir gleich ein paar sehr interessante mathematische Probleme ein", erwidert Mercator Magicus, kramt aus einer Schublade einen Stadtplan von Rechtwinkelshausen hervor und zeichnet das Wohnhaus von Clemens und den Zauberladen ein.

Man muss wissen, dass die Straßen in Rechtwinkelshausen nur in Ost-West-Richtung oder in Nord-Süd-Richtung verlaufen und sich rechtwinklig schneiden. Die Verbindung zwischen zwei Straßenkreuzungen nennen wir ein Straßenstück. Von jeder Straßenkreuzung aus kann Clemens zu jeder benachbarten Kreuzung gehen. Abb. 2.1 zeigt einen kleinen Ausschnitt aus Rechtwinkelshausen. Es geht nämlich in alle Richtungen so weiter.

„Ich möchte von dir wissen, wie du von zu Hause zu meinem Zauberladen kommen kannst." „Aber das ist doch ganz leicht", triumphiert Clemens. „Schließlich habe ich doch hergefunden." „Ganz so einfach bekommt man aber keinen Zauberstab", brummt Mercator Magicus. „Du sollst Wege mit vorgegebener Länge finden."

Clemens fährt mit seinem rechten Zeigefinger auf dem Stadtplan entlang und findet schnell einige Wege. Das genügt Mercator Magicus aber nicht. Clemens soll die Wege aufschreiben.

a) Überlege dir, wie du Wege aufschreiben kannst.

Nachdem Clemens die erste Hürde überwunden hat, stellt ihm Mercator Magicus vier Aufgaben.

S. Schindler-Tschirner und W. Schindler, *Mathematische Geschichten I – Graphen, Spiele und Beweise*, essentials,
https://doi.org/10.1007/978-3-658-25498-8_2

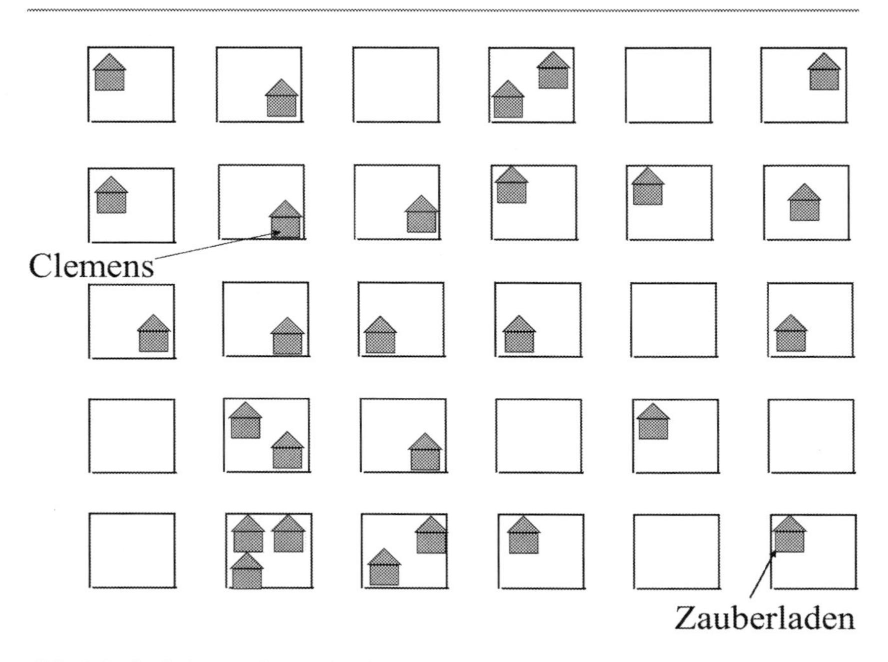

Abb. 2.1 Stadtplan von Rechtwinkelshausen (kleiner Ausschnitt)

b) Suche Wege von deinem (Clemens) Haus zum Zauberladen, die 5 Straßenstücke lang sind. Schreibe diese Wege auf.
c) Suche Wege von deinem (Clemens) Haus zum Zauberladen, die 6 Straßenstücke lang sind. Schreibe diese Wege auf.
d) Suche Wege von deinem (Clemens) Haus zum Zauberladen, die 7 Straßenstücke lang sind. Schreibe diese Wege auf.
e) Suche Wege von deinem (Clemens) Haus zum Zauberladen, die 8 Straßenstücke lang sind. Schreibe diese Wege auf.

Clemens findet schnell einige Wege der Länge 5 und 7. Allerdings kommt er bei den Aufgaben c) und e) nicht voran. Er findet einfach keine passenden Wege. Für einen kurzen Moment hatte er gedacht, dass er einen Weg mit 8 Straßenstücken gefunden hätte, aber leider hatte er sich einfach nur verzählt. Clemens ist total enttäuscht. Muss er ohne Zauberstab nach Hause gehen? „Das ist gemein! Es gibt bestimmt gar keine Lösungen mit 6 oder 8 Straßenstücken", murmelt er missmutig und will schon den Zauberladen verlassen.

„Halt“, ruft Mercator Magicus. „In der Mathematik darf man nicht so schnell aufgeben. Diese beiden Aufgaben sind auch gar nicht einfach“, sagt Mercator Magicus. „Daher helfe ich dir ein wenig. Vielleicht gibt es ja wirklich keine Wege mit 6 oder 8 Straßenstücken. Wenn es wirklich so ist, musst du das beweisen. Damit hättest du dann die beiden Aufgaben gelöst.“ Allerdings weiß Clemens nicht, was ein Beweis ist. „Du musst zeigen, dass es keine Lösung geben kann. Das hast du noch nicht getan. Du hast einfach nur keine Wege gefunden.“

„Vereinfache zunächst den Stadtplan und entferne das Unwesentliche, damit du das Wesentliche erkennst“, sagt Mercator Magicus.

f) Könnt Ihr Clemens dabei helfen? Was kann vom Stadtplan (Abb. 2.1) weggelassen werden, und was ist für die Aufgaben c) und e) wirklich wichtig?

„Die Häuschen auf dem Stadtplan sind für die Lösung bestimmt nicht wichtig“, sagt Clemens. „Die lasse ich auf jeden Fall weg.“ Nach einer Weile zeigt er den vereinfachten Stadtplan Mercator Magicus. „Du machst Fortschritte“, lobt Mercator Magicus.

„Weißt du, was ein Graph ist?“ „Nein, das haben wir in der Schule nicht gelernt. Ich habe bestimmt immer gut aufgepasst!“, fügt Clemens eilig hinzu. „Das glaube ich dir“, lacht Mercator Magicus.

Mercator Magicus erklärt: „Ein ungerichteter Graph besteht aus Ecken und Kanten, die einzelne Ecken verbinden. Abb. 2.2 zeigt ein Beispiel. Dort siehst du kleine Kreise, die durch Kanten verbunden sind. Die kleinen Kreise nennt man

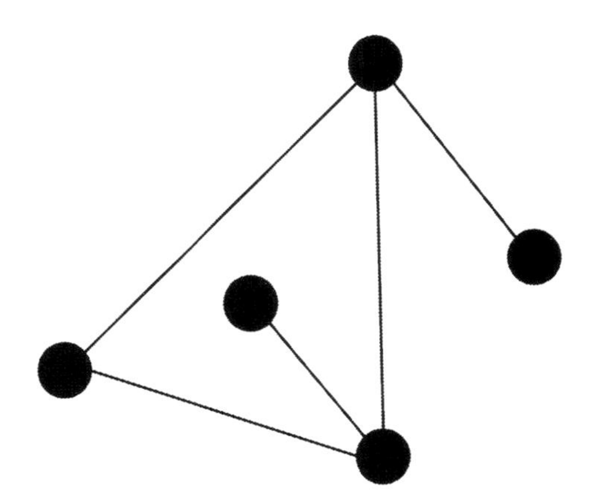

Abb. 2.2 Ungerichteter Graph (Beispiel)

übrigens Ecken. Die Kanten kannst du dir als Straßen vorstellen, die man in beide Richtungen befahren kann, um zu den angrenzenden Ecken zu gelangen."

g) Vereinfache den Stadtplan noch einmal und stelle ihn als ungerichteten Graph dar. Dabei sind die Straßenmittelpunkte die Ecken und die Straßen die Kanten.

Nachdem Clemens diese Aufgabe erledigt hat, gibt Mercator Magicus einen letzten Tipp: „Wenn du die Ecken in dem Graph geeignet bunt anmalst, kannst du beweisen, dass es tatsächlich keine Wege mit 6 oder 8 Wegen gibt.".

Nach einigem Überlegen fragt Clemens: „Wie soll ich denn die Ecken färben? Ich habe keine Idee!" „Na gut", schmunzelt Magister Magicus: „Wähle zwei Farben aus und färbe die Ecken schachbrettartig. Das ist aber mein letzter Tipp."

h) Helft Clemens zu beweisen, dass es keine Wege von seinem Haus bis zum Zauberladen mit 6 oder 8 Straßenstücken gibt.

Clemens hat nun die Lösung gefunden. „Beweisen ist ja eine tolle Sache! Aber jetzt möchte ich gerne einen Zauberstab haben." „Noch nicht. Erst musst du noch zwei weitere Aufgaben lösen. Wenn du den Lösungsweg wirklich verstanden hast, ist das aber nicht mehr schwierig."

i) Gibt es einen Weg, der 99 Straßenstücke lang ist?
j) Gibt es einen Weg, der 2020 Straßenstücke lang ist?

Anna, Bernd, Clemens und die Schüler

Clemens ist glücklich und stolz, dass er das erste mathematische Abenteuer erfolgreich bestanden hat und jetzt einen eigenen Zauberstab besitzt.

Und wie geht es Anna und Bernd? Anna meint: „Das war ganz schön schwierig! Zum Glück konnten wir die Hinweise des Zauberladenbesitzers nach einigem Nachdenken und Probieren ausnutzen. Beweisen ist ja eine tolle Sache, und von Graphen habe ich auch noch nichts gehört. Ich bin schon jetzt auf das nächste Abenteuer gespannt." „Ich auch", sagt Bernd.

Was ich in diesem Kapitel gelernt habe

- Mathematik ist nicht nur Rechnen.
- Ich weiß jetzt, was ein ungerichteter Graph ist.
- Graphen können uns helfen, Sachaufgaben zu lösen.
- Nicht jede Aufgabe hat eine Lösung.
- In der Mathematik gibt es Beweise.
- Durch geschicktes Färben kann man einen Beweis führen.

Schon wieder eine Aufgabe ohne Lösung

3

Clemens geht schon wieder am Zauberladen vorbei und schaut neugierig in das Schaufenster. Dort sieht er ein Zaubertuch, mit dem man Gegenstände unsichtbar machen kann. „Das muss ich unbedingt haben", denkt Clemens sofort. „Aber dafür muss ich bestimmt erst einmal ein mathematisches Problem lösen. Das schaffe ich sicher." Clemens drückt die Türklinke der schweren Glastür zum Zauberladen herunter. Mercator Magicus kommt hinter einer Art Tresen hervor und lacht: „So, so, das Zaubertuch möchtest du haben! Eine gute Wahl. Das Zaubertuch ist begehrt. Mal sehen, welche Aufgaben dafür zu lösen sind." Und nachdem er einige Papierstapel hervorgeholt hat, zieht er ein Blatt Papier heraus und erklärt: „Stell dir vor, dass in Rechtwinkelshausen eine zusätzliche Straße gebaut wird, die diagonal verläuft. Dann wäre der Ortsname Rechtwinkelshausen eigentlich nicht mehr gerechtfertigt, aber das tut im Moment nichts zur Sache. Schau auf diesen Stadtplan (Abb. 3.1). Da siehst du, was ich meine. Durch einen Häuserblock (5. von links, 3. von oben) verläuft diagonal eine zusätzliche Straße."

a) Verändert die zusätzliche Straße die Lösungen vom ersten mathematischen Abenteuer? Also: Gibt es Wege von Clemens Haus zum Zauberladen in 5, 6, 7, 8, 99 oder 2020 Schritten?

Clemens findet bald die Lösung und streckt stolz die Hand dem Zaubertuch entgegen. „Halt!", sagt Mercator Magicus. „Das war nur zum Aufwärmen. Ein Zaubertuch ist etwas sehr Besonderes. Da musst du noch zwei weitere Aufgaben lösen. Die zweite ist gar nicht so einfach."

S. Schindler-Tschirner und W. Schindler, *Mathematische Geschichten I – Graphen, Spiele und Beweise*, essentials,
https://doi.org/10.1007/978-3-658-25498-8_3

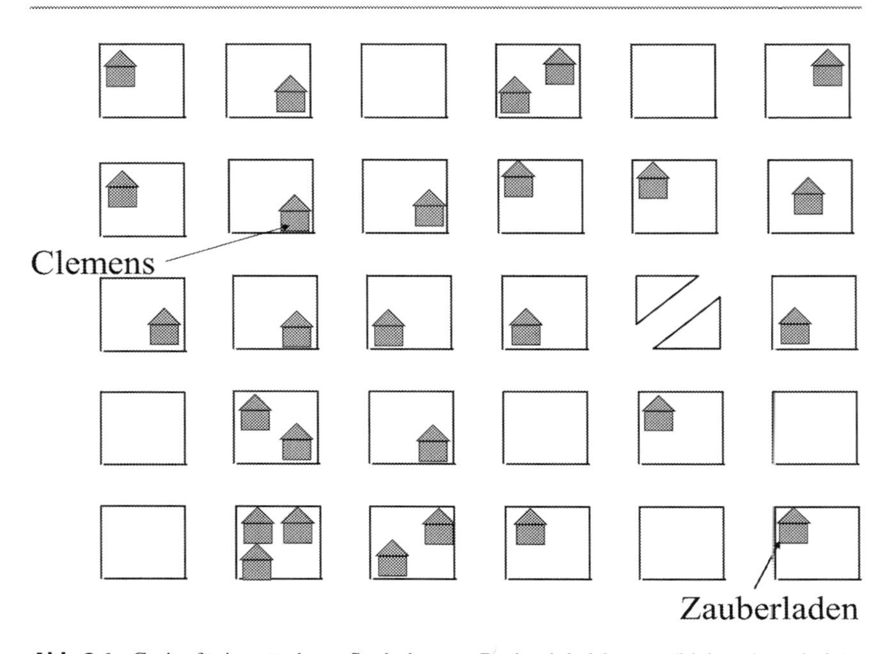

Abb. 3.1 Geringfügig geänderter Stadtplan von Rechtwinkelshausen (kleiner Ausschnitt)

Mit einem Zaubertuch kann man genau zwei nebeneinander liegende Felder (waagerecht oder senkrecht) unsichtbar machen. Clemens soll 31 Zaubertücher so auf das Schachbrett (Abb. 3.2) legen, dass

b) nur die Felder a1 und b3 sichtbar bleiben.
c) nur die Felder a1 und h8 sichtbar bleiben.

Clemens soll jeweils eine Lösung angeben oder zeigen (beweisen), dass es keine Lösung gibt.

Anna, Bernd, Clemens und die Schüler
Clemens gehört jetzt neben dem Zauberstab auch ein Zaubertuch. Bernd sagt zu Anna: „Aufgaben, die gar nicht lösbar sind, sind ja was ganz Neues. Wenn man beweisen soll, dass keine Lösung existiert, kann das schwieriger sein als eine Lösung anzugeben, wenn die Aufgabe lösbar ist. Beweisen ist ja echt cool! Das haben wir im Unterricht noch gar nicht gelernt.“

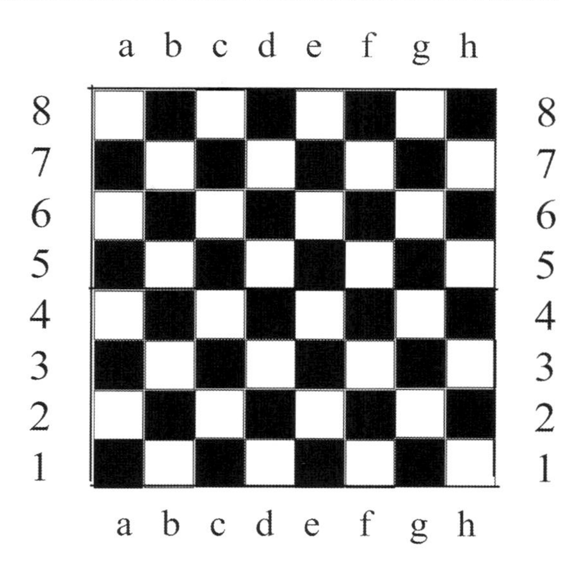

Abb. 3.2 Schachbrett mit Beschriftung

Was ich in diesem Kapitel gelernt habe

- Eine kleine Änderung in der Aufgabenstellung kann große Auswirkung auf die Lösung haben.
- Ich habe schon wieder einen Beweis gesehen, dass eine Aufgabe keine Lösung hat.

4 Gefährliches Spiel gegen einen Drachen

In der Bibliothek in Rechtwinkelshausen, Abteilung „Geheimnisvolles", entdeckt Clemens ein altes Zauberbuch. Er zieht das Buch aus dem Regal, setzt sich an einen der großen Tische und beginnt zu blättern. Er erfährt von einem magischen Rubin. Der wird aber von einem Feuer speienden Drachen bewacht. Den magischen Rubin bekommt nur der, der den Drachen beim Drachenspiel besiegt. Wer aber beim Drachenspiel verliert, muss dem Drachen 99 Jahre dienen.

Von den zwei erfolgreichen Abenteuern bestärkt, macht sich Clemens auf den Weg. Beim Drachen angekommen, erfährt er die genauen Spielregeln.

Drachenspiel (Spielregeln) Auf dem Tisch liegen 24 Lavastücke. Die beiden Spieler nehmen abwechselnd 1, 2 oder 3 Lavastücke weg. Wem es gelingt, das letzte Lavastück wegzunehmen, hat das Spiel gewonnen.

Clemens darf bestimmen, wer das Spiel beginnt. Was soll er tun? Gibt es eine Strategie, die er verfolgen sollte? Leider hat Clemens keine Idee, wie er vorgehen soll. „Zeit für meinen Mittagsschlaf", brummt der Drache. „Danach spielen wir, und ab morgen habe ich einen neuen Diener." Clemens ist jetzt ziemlich ängstlich. Könnt Ihr ihm helfen?

Zum Glück schläft der Drache mindestens eine Stunde. Wir haben also genügend Zeit, das Problem systematisch anzugehen.

a) Spiele mit deinem Tischnachbarn ein paar Partien Drachenspiel, um dich mit dem Drachenspiel vertraut zu machen.
b) Untersuche zunächst einfachere Varianten des Drachenspiels, bei denen zu Beginn nur 1, 2, 3 oder 4 Lavastücke auf dem Tisch liegen. Ist es günstig, das Spiel zu beginnen?

S. Schindler-Tschirner und W. Schindler, *Mathematische Geschichten I – Graphen, Spiele und Beweise*, essentials,
https://doi.org/10.1007/978-3-658-25498-8_4

c) Untersuche einfachere Varianten des Drachenspiels, bei denen zu Beginn 5, 6, 7 oder 8 Lavastücke auf dem Tisch liegen.

Wir haben Glück! Der Drache schläft noch immer, und jetzt können wir noch eine weitere kleine Spielvariante analysieren, bevor wir uns an das richtige Drachenspiel heranwagen.

d) Untersuche die Variante des Drachenspiels mit 12 Lavastücken. Nutze aus, was du in b) und c) gelernt hast.

Nach diesen Vorarbeiten ist die Zeit gekommen, sich mit dem richtigen Drachenspiel zu befassen.

e) Untersuche nun das richtige Drachenspiel mit 24 Lavastücken.

Clemens hat durch die Aufgabenteile b)–d) verstanden, worauf es beim Drachenspiel ankommt. Nachdem der Drache aufgewacht ist, kann das Drachenspiel beginnen. „Fang schon endlich an, Clemens", sagt der Drache listig. „Nein, ich darf bestimmen, wer anfängt. Und das bist du!", antwortet Clemens. Kurz darauf ist alles vorbei. Clemens hat den magischen Rubin gewonnen.

Anna, Bernd, Clemens und die Schüler

Clemens gehört jetzt auch ein magischer Rubin, aber das war ganz schön knapp. Wäre der Drache nur ein paar Minuten früher aufgewacht, wäre Clemens für die nächsten 99 Jahre wohl Diener des Drachen geworden. Keine schöne Vorstellung!

Bernd sagt: „Ich wusste gar nicht, dass Spielen etwas mit Mathematik zu tun hat." „Ja, aber dann macht Spielen nicht nur Spaß, sondern ist auch anstrengend", fügt Anna hinzu.

Was ich in diesem Kapitel gelernt habe

- Mathematik befasst sich auch mit Spielen.
- Ein mathematisches Spiel hat nichts mit Zeitvertreib zu tun.
- Stattdessen sucht man die optimale Spielstrategie.
- Ich habe gelernt, wie man eine schwierige Aufgabe so lange schrittweise in einfachere Aufgaben überführen kann, bis die Lösung gefunden ist.

5 Revanche: Ein neues Spiel gegen den Drachen

Clemens hat das letzte Abenteuer erfolgreich bestanden, und der magische Rubin gehört nun ihm. Das findet der Drache ganz schlimm und bietet Clemens eine Revanche an. Dafür werden die Spielregeln geändert.

Superdrachenspiel (Spielregeln): Auf dem Tisch liegen 24 Lavastücke. Die beiden Spieler nehmen abwechselnd 1, 2, 3 oder 4 Lavastücke weg. Wer das letzte Lavastück wegnimmt, hat das Spiel verloren.

Verliert Clemens, muss er zwar nicht dem Drachen 99 Jahre dienen, aber den magischen Rubin wieder zurückgeben. Gewinnt Clemens, bekommt er auch noch ein Quäntchen Drachensalbe, die bekanntlich viele Zaubersprüche deutlich verstärkt.

Clemens darf wieder bestimmen, wer das Spiel beginnt. Er überlegt kurz: „Soll ich die Revanche annehmen und meinen Rubin aufs Spiel setzen?“ Nach kurzem Zögern willigt Clemens in die Revanche ein.

Gespielt wird wieder erst, sobald der Drache aus seinem Mittagsschlaf aufwacht. Bis dahin ist noch mindestens eine Stunde Zeit. Könnt ihr Clemens wieder helfen?

a) Spiele mit deinem Tischnachbarn ein paar Partien Superdrachenspiel, um dich mit dem Superdrachenspiel vertraut zu machen.
b) Untersuche zunächst einfachere Varianten des Superdrachenspiels, bei denen zu Beginn 1, 2, 3, 4 oder 5 Lavastücke auf dem Tisch liegen.
c) Untersuche einfachere Varianten des Superdrachenspiels, bei denen zu Beginn 6, 7, 8, 9 oder 10 Lavastücke auf dem Tisch liegen.

S. Schindler-Tschirner und W. Schindler, *Mathematische Geschichten I – Graphen, Spiele und Beweise,* essentials,
https://doi.org/10.1007/978-3-658-25498-8_5

Nachdem die einfachen Varianten analysiert wurden, wird es wieder Ernst.

d) Untersuche nun das richtige Superdrachenspiel mit 24 Lavastücken.
Nachdem der Drache aufgewacht ist, spielt er mit Clemens eine Partie Superdrachenspiel. Auch diese Partie gewinnt Clemens, sehr zum Unmut des Drachens: „Lass dich bloß nicht mehr hier blicken!“.

Zwar hat Clemens das Abenteuer schon erfolgreich bestanden und den ersehnten magischen Rubin gewonnen, aber hier sind noch zwei Zusatzaufgaben zum Weiterdenken.

e) Wer kann beim Superdrachenspiel mit 41 Lavastücken den Gewinn erzwingen? Ist dies der Spieler, der das Spiel beginnt?
f) Wie verhält sich das mit dem Superdrachenspiel mit 43 Lavastücken

Anna, Bernd, Clemens und die Schüler
Clemens hat den Drachen zum zweiten Mal beim Spielen besiegt und damit auch noch ein Quäntchen Drachensalbe gewonnen.

Anna und Bernd haben gelernt, dass Regeländerungen große Auswirkungen haben können. Das erinnert an die Teilaufgabe a) aus Kap. 3. Sie sind stolz, dass sie das vierte mathematische Abenteuer schnell und sicher lösen konnten. Sie konnten das Gelernte aus Kap. 4 gut an die veränderte Aufgabenstellung anpassen.

Was ich in diesem Kapitel gelernt habe

- Eine Regeländerung kann alles auf den Kopf stellen.
- Ich habe noch einmal ein schwierige Aufgabe schrittweise auf einfachere Aufgaben zurückgeführt und gelöst.

Worträtsel und Graphen

6

Am Ortsrand von Rechtwinkelshausen liegt eine geheimnisumwitterte Zauberwiese. Dort wachsen ganz besondere Blumen, aus denen die Bienen ihren Nektar sammeln, um daraus magischen Honig zu gewinnen. In einem der Bienenstöcke lebt die Biene Enigma. Clemens ist auf dem Weg zu dieser Zauberwiese, Dort möchte er Enigma besuchen, um eine Wabe mit magischem Honig zu holen. Schon von weitem hört er das Summen der Bienen.

Enigma liebt mathematische Rätsel. Und eines ist klar: Honig bekommt Clemens natürlich nur, wenn er knifflige mathematische Rätsel lösen kann.

Heute sitzt Enigma auf ihrer Lieblingswabe und hat Nektar für genau fünf Zellen. Die Wabe ist in Abb. 6.1 dargestellt. Enigma möchte Zellen von links nach rechts mit Nektar auffüllen, von jedem Buchstaben eine. Außerdem sollen die gefüllten Zellen, die zu benachbarten Buchstaben gehören, jeweils eine gemeinsame Kante besitzen. Die gefüllten Zellen stellen also eine zusammenhängende Kette von Buchstaben dar, die das Wort „HONIG" ergeben. Enigma nennt dies einen zauberhaften „HONIG"-Pfad.

Damit wir gleiche Buchstaben unterscheiden können, schreiben wir rechts unten an die Buchstaben kleine Zahlen (Indices). So können wir unterschiedliche „HONIG"-Pfade eindeutig beschreiben. Abb. 6.2 zeigt Enigmas Lieblingswabe aus Abb. 6.1 mit unterscheidbaren Buchstaben.

a) So bezeichnet $H_1O_1N_1I_1G_1$ den Pfad, der durch die obersten Zellen führt. Gib mindestens fünf weitere HONIG-Pfade an.
b) Auf wie viele Arten kann Enigma „IG" auffüllen, wenn sie nur Nektar für zwei Zellen hat und beim Buchstaben I beginnt? Oder anders gefragt: Wie viele (unterschiedliche) „IG"-Pfade gibt es?

S. Schindler-Tschirner und W. Schindler, *Mathematische Geschichten I – Graphen, Spiele und Beweise,* essentials,
https://doi.org/10.1007/978-3-658-25498-8_6

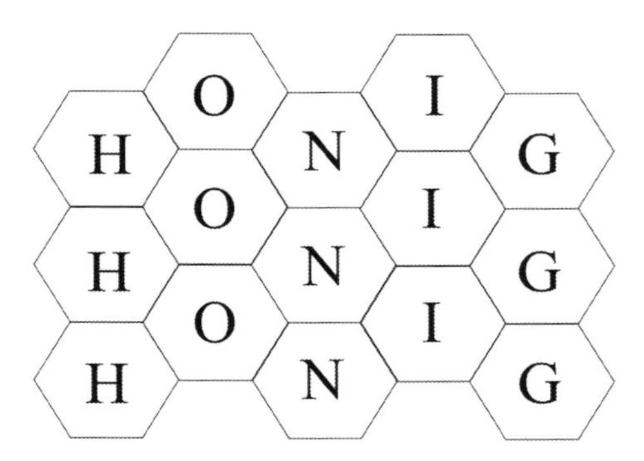

Abb. 6.1 Enigmas Lieblingswabe

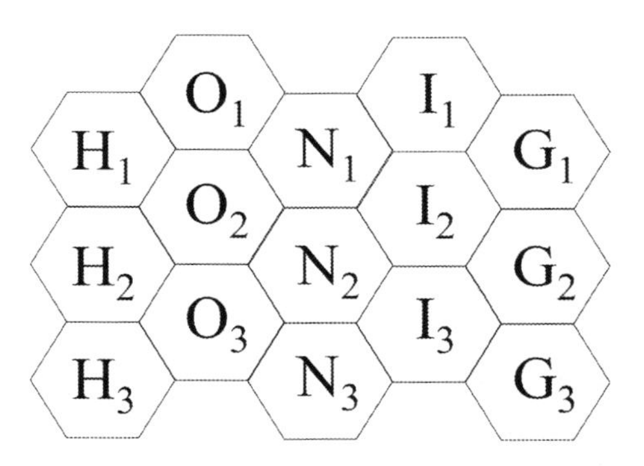

Abb. 6.2 Enigmas Lieblingswabe mit unterscheidbaren Buchstaben

c) Wie viele „NI"-Pfade gibt es, wenn Enigma nur Nektar für zwei Zellen hat und beim Buchstaben N beginnt?
d) Wie viele „NIG"-Pfade gibt es, wenn Enigma nur Nektar für drei Zellen hat und beim Buchstaben N beginnt?

Die Pfade aus zwei und drei Buchstaben hat Clemens alle gefunden. Aber jetzt kommt er ins Grübeln. „Bei fünf Buchstaben kann man leicht einen Pfad übersehen, und schon ist der magische Honig futsch", denkt Clemens. Enigma merkt, dass Clemens nicht recht weiterkommt. Obwohl es um ihren Honig geht, hilft ihm Enigma. „Weißt du noch, was ein ungerichteter Graph ist, Clemens?" „Natürlich, Mercator Magicus hat mir das doch erklärt, und das hat mir im ersten Abenteuer sehr geholfen. Sonst hätte ich den Zauberstab bestimmt nicht bekommen. Aber ich sehe nicht, was mir das hier nutzt."

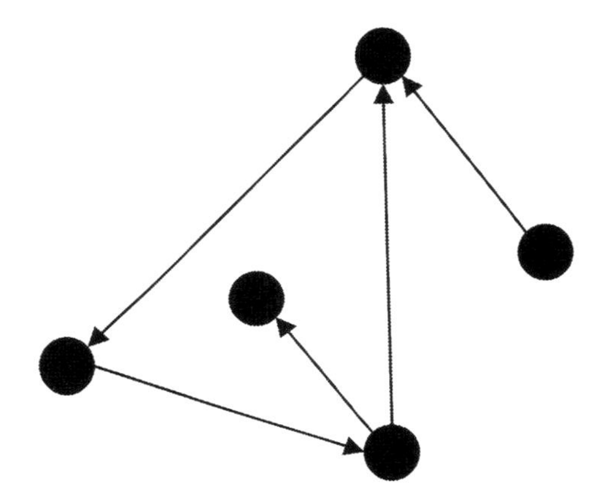

Abb. 6.3 Gerichteter Graph (Beispiel)

Enigma erklärt: „Schau dir Abb. 6.3 an, Clemens. Dort siehst du denselben Graphen wie in Abb. 2.2, aber jetzt sind Pfeile an den Kanten. Mathematiker nennen dies übrigens einen gerichteten Graph", erklärt Enigma. „Bei einem gerichteten Graphen kannst du die Kanten nur in Pfeilrichtung durchlaufen. Das ist so ähnlich wie bei einer Einbahnstraße."

Enigma gibt Clemens noch den Tipp, das Problem übersichtlicher darzustellen. Eigentlich möchte Enigma gar keinen Honig hergeben, aber sie glaubt nicht, dass Clemens ihre Ratschläge nutzen kann. Sie möchte großzügig erscheinen.

e) Zeichne einen gerichteten Graphen, bei dem die Buchstaben (mit Indices) die Ecken sind. Verbinde zwei aufeinanderfolgende Buchstaben mit einer gerichteten Kante, falls sich die entsprechenden Zellen in der Wabe berühren. Der Pfeil weist vom vorangehenden Buchstaben zum nachfolgenden Buchstaben.
f) Auf wie viele Arten kann man den „HONI"-Pfad $H_2O_2N_1I_1$ zu einem „HONIG"-Pfad fortsetzen? Finde einen anderen „HONI"-Pfad, der durch I_1 geht. Auf wie viele Arten lässt sich dieser Weg zu einem „HONIG"-Pfad fortsetzen?
g) Auf wie viele Arten kann man einen „HONI"-Pfad, der in I_2 endet, zu einem „HONIG"-Weg fortsetzen? Wie sieht das aus, wenn ein „HONI"-Pfad in I_3 endet?
h) Wie viele „HONIG"-Pfade gibt es?

Enigma gibt Clemens noch einen letzten Hinweis: „Nutze die Ergebnisse aus den Teilaufgaben f) und g), um die Aufgabe zu vereinfachen, und setze diese Strategie fort." Clemens weiß nicht so recht, was er jetzt tun soll.

Könnt ihr Clemens helfen?

Anna, Bernd, Clemens und die Schüler

Clemens hat schon fünf mathematische Abenteuer erfolgreich bewältigt und dabei äußerst nützliche Zauberutensilien erworben Das ist schon eine ganze Menge. Vor allem aber muss Clemens nicht 99 Jahre dem Drachen dienen.

Und wie geht es Anna und Bernd? Sie sind doch sehr überrascht, wo überall Mathematik eine Rolle spielt. Sie sind zuversichtlich, dass es mit der Aufnahme in den CBJMM klappen wird.

Was ich in diesem Kapitel gelernt habe

- Ich weiß jetzt, was ein gerichteter Graph ist.
- Wie bei den Spielen wurde wieder ein schwieriges Problem schrittweise vereinfacht, auch wenn dieses Mal eigentlich alles ganz anders ist.

Noch mehr Worträtsel und Graphen

7

Mit eurer Hilfe hat Clemens auch sein letztes mathematisches Abenteuer mit Bravour bestanden. Enigma war doch sehr überrascht, dass er das geschafft hat (damit hat sie nicht gerechnet) und gibt ihm etwas mürrisch die versprochene Wabe mit dem magischen Honig. Sie sagt: „Da hast du großes Glück gehabt! Aber ich habe da noch neue Aufgaben für dich. Wenn du auch diese Aufgaben lösen kannst, bekommst du auch noch drei Zaubernüsse."

„Was kann man eigentlich mit Zaubernüssen anfangen?", fragt Clemens. „Wenn du bei einer mathematischen Aufgabe nicht weiterkommst und eine Zaubernuss fest auf den Boden wirfst, erhältst du einen Tipp. Aber bedenke: Jede Zaubernuss kann man nur einmal verwenden. Danach ist sie verbraucht", warnt Enigma. „Um die Sache spannender zu machen: Wenn du die neuen Aufgaben nicht lösen kannst, musst du mir den Honig zurückgeben. Möchtest du trotzdem die Aufgaben probieren? Tipps gebe ich aber keine mehr." Ganz entschlossen antwortet Clemens sofort: „Natürlich werde ich es versuchen!"

a) Wie viele Möglichkeiten gibt es, das Wort Nektar in Abb. 7.1 als zusammenhängende Kette von Buchstaben („NEKTAR"-Pfade) darzustellen? Verwende, was du in Kap. 6 gelernt hast. Stelle die Wabe zunächst als gerichteten Graphen dar und bestimme dann die Anzahl der „NEKTAR"-Pfade.
b) Wie viele Möglichkeiten gibt es, das Wort Blüten in Abb. 7.2 als zusammenhängende Kette von Buchstaben („BLÜTEN"-Pfade) darzustellen? Gehe vor wie in Teilaufgabe b).
c) Denke dir selbst ein Worträtsel aus und löse es. Es sollten mindestens 12 Pfade existieren.

S. Schindler-Tschirner und W. Schindler, *Mathematische Geschichten I – Graphen, Spiele und Beweise*, essentials,
https://doi.org/10.1007/978-3-658-25498-8_7

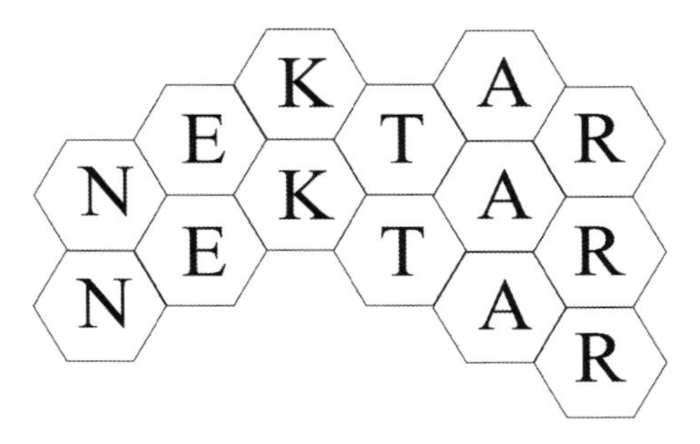

Abb. 7.1 Enigmas Vorratswabe

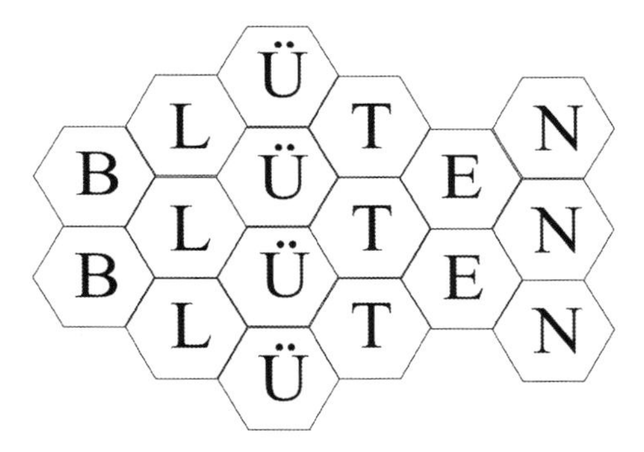

Abb. 7.2 Ein weiteres Worträtsel

Anna, Bernd, Clemens und die Schüler

Nachdem ihn das fünfte mathematische Abenteuer (Kap. 6) doch an seine Grenzen gebracht hat, hat Clemens das sechste mathematische Abenteuer relativ entspannt gemeistert.

Auch Anna und Bernd sind glücklich. „Das lief ja wie geschmiert", meint Bernd. Und Anna fügt hinzu: „Wir haben halt schon eine Menge gelernt."

Clemens hat schon sechs mathematische Abenteuer bestanden und dabei äußerst nützliche Zauberutensilien erworben, und zwar einen Zauberstab, ein Zaubertuch, einen magischen Rubin, ein Quäntchen Drachensalbe, magischen Honig und soeben drei Zaubernüsse.

Und was ist aus Annas und Bernds Wunsch geworden, Mitglied im CBJMM zu werden? Der Klubvorsitzende Carl Friedrich empfängt Anna und Bernd und sagt: „Anna und Bernd, bisher habt ihr das ganz toll gemacht! Allerdings ist das erst die halbe Miete. Um Mitglieder im CBJMM zu werden, müsst ihr noch sechs weitere mathematische Abenteuer mit Clemens bestehen.[1]" Anna und Bernd tut das Lob von Carl Friedrich sichtlich gut: „Das hat unglaublich viel Spaß gemacht, und wir haben schon sehr viel gelernt", meint Anna, und Bernd fügt hinzu: „Gemeinsam haben wir Probleme gelöst, die wir alleine bestimmt nicht hinbekommen hätten. Ich habe gar nicht gewusst, dass man mathematische Aussagen beweisen muss".

Was ich in diesem Kapitel gelernt habe

- Ich habe das Lösungsverfahren aus dem letzten Kapitel wieder geübt und noch besser verstanden.

[1]Gemeint sind die mathematischen Abenteuer in Band II.

Teil II
Musterlösungen

Teil II enthält ausführliche Musterlösungen zu den Aufgaben aus Teil I. Die Zielgruppe sind Leiter(innen) von Begabten-AGs für Grundschüler, Lehrer und Eltern (aber nicht die Schüler). In der Regel macht dies kaum einen Unterschied; nur an einigen Stellen wird differenziert. Um umständliche Formulierungen zu vermeiden, wird im Folgenden normalerweise nur der „Kursleiter“ angesprochen. Tab. II.1 zeigt die wichtigsten mathematischen Techniken, die in den einzelnen Kapiteln zur Anwendung kommen.

In den Musterlösungen werden auch die mathematischen Ziele der einzelnen Kapitel erläutert, und es werden Ausblicke gegeben, wo die erlernten mathematischen Techniken noch Einsatz finden. Es kann den Kindern zusätzliche Motivation und Selbstvertrauen geben, wenn sie erfahren, dass man mit den erlernten Techniken sehr fortgeschrittene Aufgaben lösen kann (vgl. hierzu auch das Vorwort von (Amann 2017)).

Am Ende jedes Aufgabenkapitels findet man eine Zusammenstellung „Was ich in diesem Kapitel gelernt habe“. Dies ist ein Pendant zu Tab. II.1, allerdings in schülergerechter Sprache. Der Kursleiter kann die Lernerfolge mit den Teilnehmern gemeinsam erarbeiten. Dies kann z. B. beim folgenden Kurstreffen geschehen, um das letzte Kapitel noch einmal zu rekapitulieren.

Tab. II.1 Übersicht: Mathematische Inhalte der Aufgabenkapitel

Kapitel	Mathematische Techniken	Ausblicke
Kap. 2	Modellierung eines Realweltproblems (Wegeproblem) als ungerichteter Graph, gefärbter Graph, mathematischer Beweis	Färbebeweise (Engel 1998)
Kap. 3	Analyse der Auswirkung kleiner Änderungen in den Voraussetzungen, Überdeckungsprobleme, mathematischer Beweis	(Engel 1998), Uni-Vorkurs
Kap. 4	Mathematisches Spiel, optimale Strategie mit Beweis, Zurückführen auf kleinere Probleme	Spieltheorie, Mathematikwettbewerbe, historisch: „Elektronenhirn" NIMROD gegen Ludwig Erhardt (Schmitz 2017)
Kap. 5	Mathematisches Spiel (vgl. Kap. 4), optimale Strategie mit Beweis, Zurückführen auf kleinere Probleme	vgl. Kap. 10
Kap. 6	Modellierung eines Realweltproblems (Worträtsel) als gerichteter Graph, schrittweises Vereinfachen des Ausgangsproblems	(Nolte 2006)
Kap. 7	Modellierung von Realweltproblemen (Worträtsel), Anwendung der Techniken aus Kap. 12	vgl. Kap. 12

Wichtigste mathematische Techniken und Ausblicke

Musterlösung zu Kapitel 2

8

Im ersten mathematischen Abenteuer wird nicht gerechnet. Das ist für die Schüler sicher eine Überraschung. Ebenso neu sind die Definition eines ungerichteten Graphen und die Erkenntnis, dass man in der Mathematik Behauptungen beweisen muss.

Erste Schritte Der Kursleiter skizziert den Stadtplan an der Tafel. Die Schüler zeigen am Stadtplan mögliche Wege zum Zauberladen.

a) Erarbeiten Sie mit den Schülern Möglichkeiten, wie man Wege aufschreiben kann. Z. B. „l", „r", „o" und „u" für links, rechts, oben und unten oder „w", „o", „n" und „s" für nach Westen, Osten, Norden und Süden. Legen Sie mit den Schülern eine Schreibweise fest, die im Folgenden verwendet wird. In der Musterlösung wird „l, r, o, u" verwendet.

Didaktische Anregung Teilen Sie die Schüler für die Teilaufgaben b)–e) in vier Gruppen ein. Jede Gruppe bearbeitet eine Teilaufgabe. Geben Sie den Schülern genügend Zeit, gemeinsam Ideen zu entwickeln, darüber in der Gruppe zu diskutieren und die Lösungen im Plenum vorzustellen.

Didaktische Anregung Die Aufteilung in vier Gruppen ist auf AGs zugeschnitten. Im Rahmen eines differenzierenden Unterrichts können vermutlich nicht mehr als zwei Gruppen gebildet werden. Im Heimunterricht kann ein Elternteil Teilaufgaben übernehmen, z. B. c) und d).

b) Mögliche Wege: rrruu, rurur, rruur, urrur …
c) Mögliche Wege: –

S. Schindler-Tschirner und W. Schindler, *Mathematische Geschichten I – Graphen, Spiele und Beweise,* essentials,
https://doi.org/10.1007/978-3-658-25498-8_8

d) Mögliche Wege: rrruouu, rrulrur, uuurorr …
e) Mögliche Wege: –

Erfahrungsgemäß haben die Gruppen 1 und 3 viele richtige Lösungen gefunden und tragen diese stolz vor. Die Gruppen 2 und 4 haben keine Lösung oder nur falsche Lösungen, bei denen sich die Kinder in der Anzahl der Schritte verzählt haben.

Nach weiteren erfolglosen Versuchen kommt bei den Kindern die (richtige) Vermutung auf, dass die Teilaufgaben c) und e) gar keine Lösungen besitzen. Eine „demokratische Abstimmung" unter den Kindern wird dies vermutlich eindrücklich bestätigen, falls sie nur lange genug erfolglos nach einer Lösung gesucht haben. Allerdings ist die Sache nicht so einfach. Mathematische Fragestellungen werden nicht durch Mehrheitsentscheide entschieden.

Vielmehr wollen wir *beweisen,* dass die Teilaufgaben c) und e) keine Lösungen besitzen. Es ist ein wichtiges Ziel von Kap. 2, dass die Schüler verstehen, dass in der Mathematik Behauptungen bewiesen werden müssen und wie man einen Beweis führen kann. Das geht natürlich weit über den Mathematikunterricht in der Grundschule hinaus. Allerdings haben wir es ja auch mit mathematisch besonders begabten Grundschülern zu tun! Wie wir bald sehen werden, kann dieser Beweis von begabten Grundschülern verstanden werden. Dazu wurden in Kap. 2 wichtige Zwischenschritte skizziert und die Definition eines ungerichteten Graphen eingeführt.

Da das Konzept eines mathematischen Beweises einerseits grundlegend, für die Schüler aber völlig neu ist, sollte der Kursleiter an dieser Stelle genügend Zeit lassen, solange die Schüler ernsthafte Versuche unternehmen, selbst einen Beweis zu entwickeln.

f) Auf dem Weg zu unserem Beweis stellt sich zunächst die Frage, welche Informationen auf dem Stadtplan zur Lösung des Problems letztlich überflüssig sind. Da solche Informationen unsere Aufgabe bestenfalls erschweren, wollen wir uns auf die wesentlichen Informationen beschränken. Die Kinder werden selbst schnell feststellen, dass die Häuschen überflüssig sind. Ohne irgendwelche Information zu verlieren, können wir den Stadtplan etwas übersichtlicher gestalten (siehe Abb. 8.1).

In Abb. 8.2 gehen wir noch einen Schritt weiter. Clemens bewegt sich von Straßenkreuzung zu Straßenkreuzung. Daher malen wir auf jede Straßenkreuzung einen dicken Punkt, den wir mit einer Linie mit den angrenzenden Straßenmittelpunkten verbinden. Clemens kann in einem Schritt zu allen direkt verbundenen Straßenmittelpunkten gelangen.

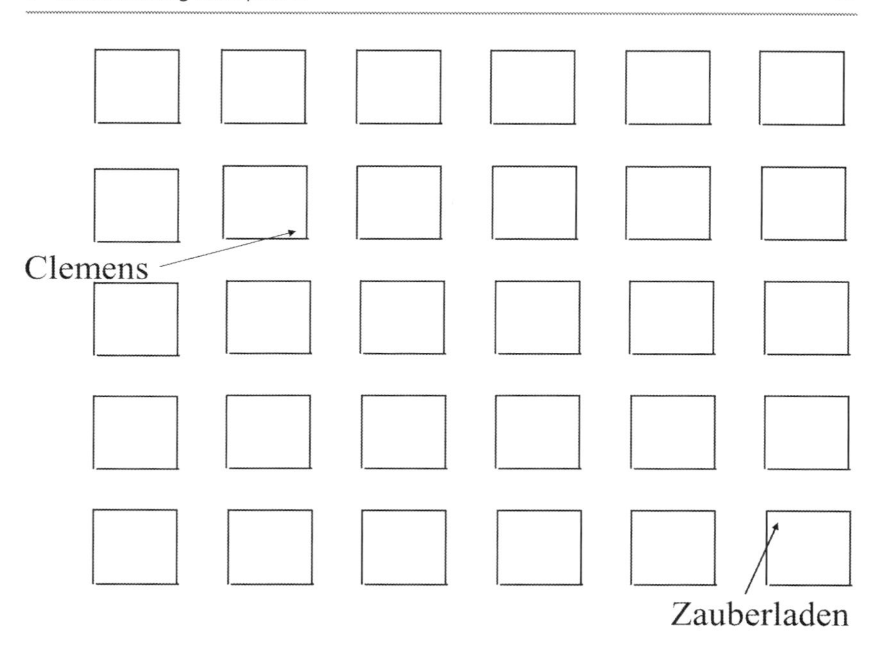

Abb. 8.1 Vereinfachter Stadtplan von Rechtwinkelshausen (kleiner Ausschnitt)

g) Mit der Abstrahierung unseres Problems sind wir schon ein gutes Stück vorangekommen. Lassen Sie uns diesen Weg weiter gehen. Eigentlich beschreiben doch die Punkte, die die Straßenkreuzungen darstellen und deren Verbindungslinien den kompletten Sachverhalt. Ebenso wie die kleinen Häuschen können nun also auch die Straßenblöcke getrost verschwinden. Abb. 8.3 stellt den Stadtplan von Rechtwinkelshausen als einen ungerichteten Graph dar, wobei Ecken den Straßenmittelpunkten und die Kanten den Straßen entsprechen. (Was ein ungerichteter Graph ist, hat Magister Magicus in Kap. 2 erklärt. Wir werden in Kap. 5 gerichtete Graphen kennenlernen, bei denen die Kanten Richtungen haben.)

Wir können unsere Fragestellung, Mathematiker sprechen auch gerne von einem „Problem", nun so formulieren: Kann man in 6 oder 8 Schritten in dem Graphen aus Abb. 8.3 vom Ausgangspunkt (Wohnhaus Clemens) zum Endpunkt (Zauberladen) gelangen?

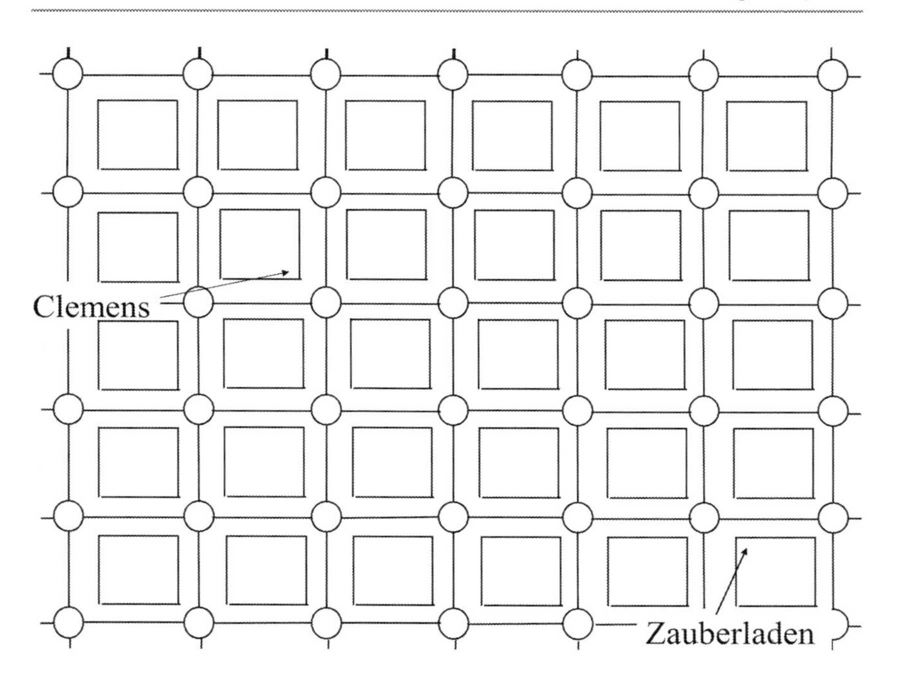

Abb. 8.2 Bearbeiteter Stadtplan von Rechtwinkelshausen (kleiner Ausschnitt)

Wir sind der Lösung schon ein gutes Stück nähergekommen Es fehlt nur noch ein letzter Schritt, den Mercator Magicus in Kap. 2 schon angedeutet hat.

h) In Abb. 8.4 sind die Ecken schachbrettartig schwarz und weiß eingefärbt. (Mathematiker sprechen übrigens von einem gefärbten Graphen.) An der Tafel können natürlich andere Farben, z. B. blau und rot, gewählt werden. In der Musterlösung ergeben sich die Farben aus dem Schwarz-Weiß-Druck.

Bringt das Färben der Ecken neue Erkenntnisse, außer dass es optisch schön aussieht? Und ob!

Beobachtung Wenn Clemens von einer Ecke zur nächsten geht (im wahren Leben: von einer Straßenkreuzung zur nächsten), ändert sich die Farbe. Von einer

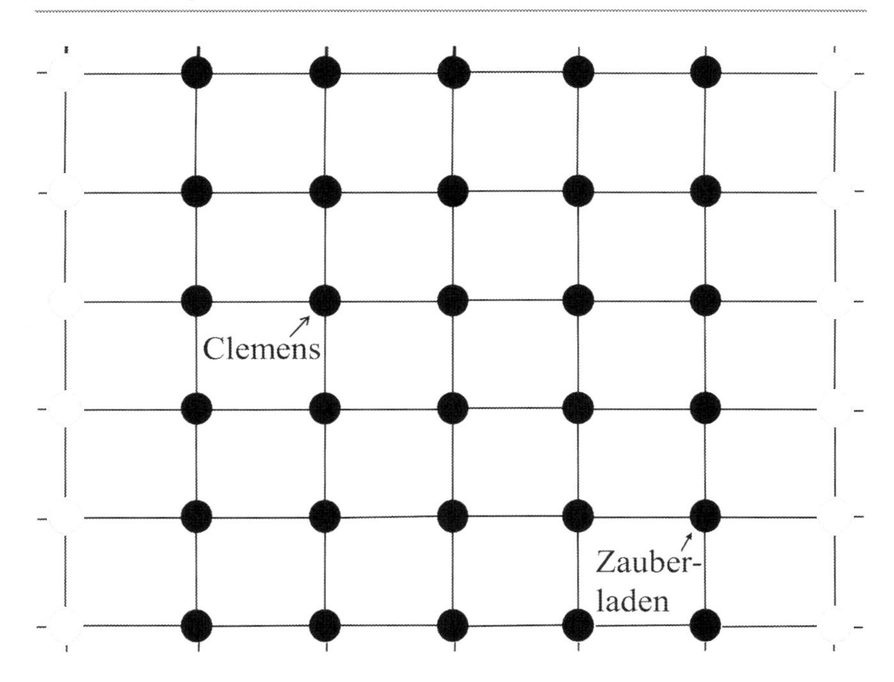

Abb. 8.3 Darstellung des Stadtplans von Rechtwinkelshausen als ungerichteter Graph (kleiner Ausschnitt)

schwarzen Ecke gelangt er stets zu einer weißen Ecke und umgekehrt, von einer weißen Ecke zu einer schwarzen Ecke.

Clemens beginnt auf einer schwarzen Ecke. Nach einem Schritt steht er auf einer weißen Ecke und nach zwei Schritten wieder auf einer schwarzen Ecke. Damit ist klar: Nach einer geraden Anzahl von Schritten (z. B. nach 100 Schritten) steht Clemens stets auf einer schwarzen Ecke, nach einer ungeraden Anzahl von Schritten auf einer weißen Ecke.

Also: Nach 6 oder 8 Schritten steht Clemens auf irgendeiner schwarzen Ecke. Die Ecke vor dem Zauberladen ist aber weiß! Also kann Clemens *nicht* vor dem Zauberladen stehen. Die Aufgaben c) und e) haben also *tatsächlich* keine Lösungen. Allerdings hat diese Erkenntnis jetzt ein ganz anderes Gewicht. Wir vermuten es nicht nur (bedingt durch viele erfolglose Versuche, solche Wege zu finden), sondern wir haben es *bewiesen*.

Um Zeit zu sparen, kann an einer Tafel der erste Stadtplan Abb. 2.1 schrittweise zu Abb. 8.4 umgestaltet werden.

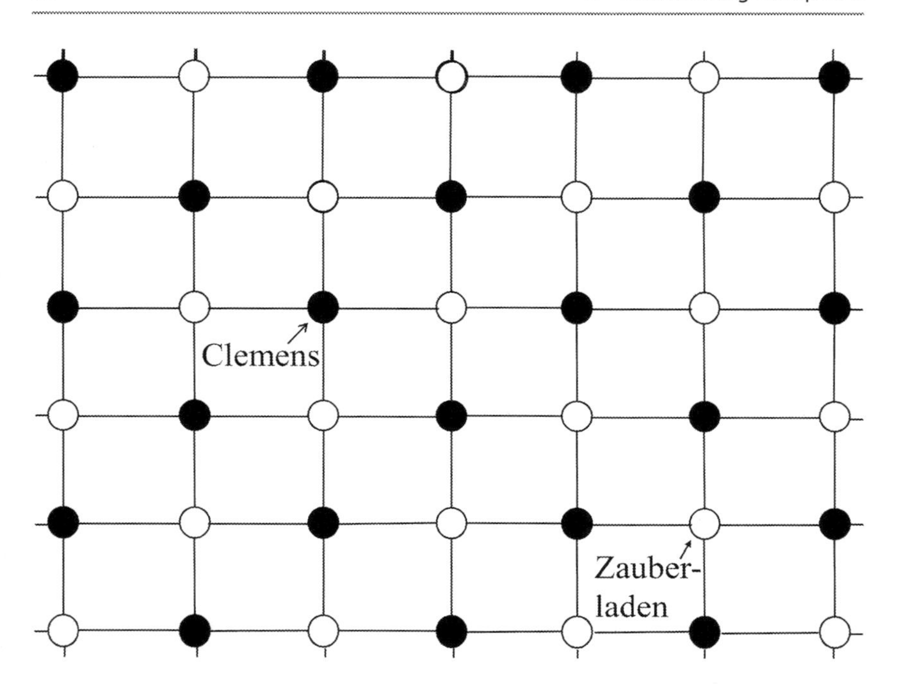

Abb. 8.4 Darstellung des Stadtplans von Rechtwinkelshausen als gefärbter Graph (kleiner Ausschnitt)

Übrigens hatte ein Schüler der erwähnten Mathematik-AG das Grundprinzip, dass Clemens keinen einzelnen Schritt „gewinnen“ kann, letztlich schon zu Beginn der Beweisführung im Wesentlichen durchschaut, konnte aber (verständlicherweise) keinen „sauberen“ Beweis herleiten. Dennoch eine reife Leistung für einen Grundschüler!

Es sind noch zwei Teilaufgaben übrig. Deren Lösungen sind jetzt aber relativ einfach.

i) Hier kann Clemens ähnlich wie in Aufgabe d) zunächst 47 Mal jeweils einen Schritt nach oben und dann wieder nach unten gehen. Dann steht er wieder auf dem Ausgangspunkt, und ihm bleiben noch genau 5 Schritte übrig, um zum Zauberladen zu gelangen. Eine mögliche Lösung lautet ou…ou(47 Mal)rrruu.
j) Nach unseren ausgiebigen Überlegungen zu den Teilaufgaben c) und e) ist diese Teilaufgabe nunmehr wirklich „kinderleicht“: Die Zahl 2020 ist gerade, und daher gibt es keinen Weg mit 2020 Schritten.

Mathematische Ziele und Ausblicke

Für die Kinder ist diese Einstiegsaufgabe aus mehreren Gründen außergewöhnlich. Zunächst stellen sie erstaunt fest, dass man in der Mathematik nicht nur rechnet. Sie sehen vermutlich zum ersten Mal in ihrem Leben einen mathematischen Beweis. Und vor allem lernen die Kinder, dass Mathematik nicht nur aus dem Anwenden von „Kochrezepten" besteht, sondern Fantasie und Kreativität erfordert.

Als mathematische Beweistechnik lernen die Kinder einen gefärbten Graphen kennen, auch wenn die Musterlösung natürlich keine systematische Einführung in die Graphentheorie liefert. Dabei lernen sie, wie man ein Realwelt-Problem mathematisch modellieren kann, um es dann lösen zu können.

Färbebeweise kommen in der Mathematik immer wieder vor; z. B. (wie hier), um zu zeigen, dass gewisse Sachverhalte unmöglich sind. Die Aufgabensammlung (Engel 1998) widmet diesem Thema ein ganzes Kapitel („Coloring Proofs"). Insgesamt enthält (Engel 1998) etwa 1300 Aufgaben aus mehr als zwanzig anspruchsvollen nationalen und internationalen Mathematikwettbewerben (sogar von der internationalen Mathematikolympiade). Der adressierte Leserkreis sind Trainer und Teilnehmer von Wettbewerben bis in die höchste Stufe. Für unsere Zwecke sind die Aufgaben in (Engel 1998) jedoch in aller Regel viel zu schwierig.

Musterlösung zu Kapitel 3

9

Nach den doch sehr anspruchsvollen Aufgaben in Kap. 2 geht es in Kap. 3 deutlich leichter weiter. Die Aufgaben in Kap. 3 bieten die Gelegenheit, das in Kap. 2 Erlernte auf einfachere Aufgabenstellungen anzuwenden. Das ist wichtig, um den Kindern Selbstvertrauen zu geben.

a) In Abb. 3.1 ist ein zusätzlicher Weg eingezeichnet, der zwei Straßenmittelpunkte diagonal verbindet. Ändert dies die Lösungen der Aufgaben in Kap. 2? Natürlich sind die Lösungen zu den Teilaufgaben b), d) und i) auch jetzt Lösungen, denn es wurde ja kein Weg entfernt. Aber nun gibt es auch einen Weg aus 6 Schritten, z. B. rrr(du)ru, wobei „du" für „diagonal nach unten" steht. Ebenso finden sich jetzt Lösungen mit 8 oder 2020 Straßenstücken; wir müssen ja bloß oft genug „auf der Stelle" treten, also z. B. abwechselnd nach oben und nach unten gehen.

Was ist aus unserem schönen Beweis geworden? Natürlich kann man wie oben einen gefärbten Graphen erstellen, der den Stadtplan beschreibt. Aber unser Beweis funktioniert jetzt nicht mehr:

Beobachtung Wechselte man beim ursprünglichen Stadtplan aus Kap. 2 mit jedem Schritt die Farbe, so ist das jetzt zwar noch meistens der Fall, aber eben nicht immer: Geht man den Diagonalweg, gelangt man von einem weißen Feld auf ein weißes Feld. Damit bricht unser Beweis zusammen. (Und das muss er natürlich auch, denn jetzt gibt es ja Wege mit einer geraden Anzahl von Schritten, wie wir gerade festgestellt haben.) Dies ist ein Beispiel dafür, dass kleine Ursachen große Auswirkungen entfalten können. Oder anders gesagt: In der Mathematik kommt es auf Details an.

S. Schindler-Tschirner und W. Schindler, *Mathematische Geschichten I – Graphen, Spiele und Beweise*, essentials,
https://doi.org/10.1007/978-3-658-25498-8_9

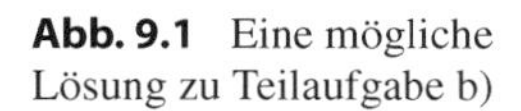

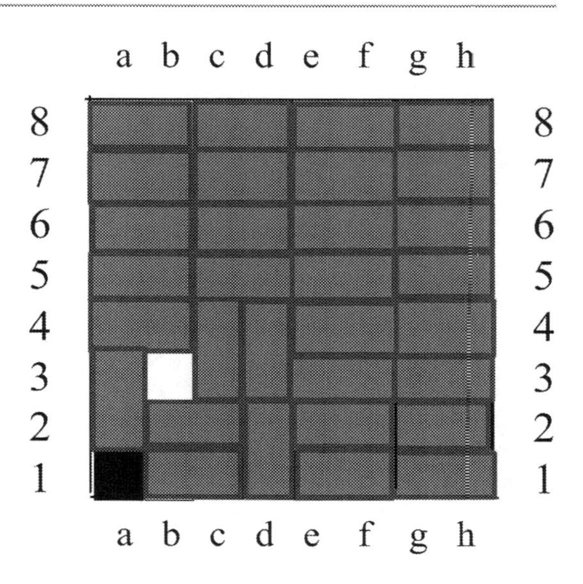

Abb. 9.1 Eine mögliche Lösung zu Teilaufgabe b)

b) Diese Teilaufgabe sollte kein Problem darstellen. Abb. 9.1 zeigt eine mögliche Lösung.

c) Teilaufgabe c) besitzt keine Lösung, was leicht einzusehen ist. Jedes Zaubertuch bedeckt genau ein weißes und ein schwarzes Feld. Mit 31 Zaubertüchern werden 31 weiße und 31 schwarze Felder unsichtbar. Es muss also auf jeden Fall noch ein weißes und ein schwarzes Feld übrig bleiben. Die Felder a1 und h8 sind aber beide schwarz. Daher kann zu Teilaufgabe c) keine Lösung existieren.

Mathematische Ziele und Ausblicke

Die Schüler sollen die Technik der Färbebeweise noch einmal in einer anderen Variante einüben. Natürlich könnte man die Aufgabenteile b) und c) auch für ein einfarbiges Brett aus 8×8 Feldern stellen. Zur Lösung von Teilaufgabe c) käme dann eine zusätzliche Schwierigkeit hinzu, weil man das Brett erst einmal (z. B. schwarz-weiß) einfärben müsste.

Die Teilaufgabe c) ist in teilweise leicht modifizierter Form und natürlich in anderen Kontexten wohlbekannt. In (Engel 1998) motiviert sie in der Einleitung des zweiten Kapitels („Coloring Proofs") die mathematische Beweistechnik des Färbens. Übrigens wurde eine modifizierte Version von Aufgabenteil b) (mit anderen entfernten Feldern) im Uni-Vorkurs „Formale Methoden der Informatik" für angehende Informatikstudenten im Wintersemester 2014/2015 der Rheinischen Friedrich-Wilhelms Universität Bonn als Übungsaufgabe gestellt.

Musterlösung zu Kapitel 4 10

In Kap. 4 wird ein mathematisches Spiel untersucht. Allerdings liegt das Ziel eines mathematischen Spiels nicht im unbeschwerten Spielen, sondern in der Suche nach der optimalen Spielstrategie. Diesen Gedanken lernen die Schüler in den Aufgabenteilen b)–e) kennen.

a) Spiele sind für Kinder immer interessant, und deshalb kann der Aufgabenteil a) auf etwa 15–20 min ausgedehnt werden. Als Spielsteine eignen sich beispielsweise Legosteine oder Spielmarken.

Tab. 10.1 fasst die Ergebnisse der Teilaufgaben b) und c) zusammen. In der linken Spalte sind die Anzahl der Lavastücke eingetragen, mit denen die vereinfachte Variante des Lavaspiels gespielt wird. Der Eintrag (G) bedeutet, dass dieser Spieler den Gewinn erzwingen kann, wenn er die beste Strategie spielt.

b) Dass für 1, 2 oder 3 Lavastücke der am Zuge befindliche Spieler gewinnen kann, ist völlig klar. Er muss ja nur alle Lavastücke wegnehmen, die auf dem Tisch liegen. Betrachten wir nun die Variante des Lavaspiels, die mit 4 Lavastücken gespielt wird. Spieler 1 kann 1, 2 oder 3 Lavastücke (Spielsteine) wegnehmen. Dann bleiben noch 3, 2 bzw. 1 Lavastücke übrig, aber Spieler 2 ist jetzt am Zug. Spieler 2 nimmt einfach alle Lavastücke weg, die noch auf dem Tisch liegen. Wir sehen also, dass bei einem Drachenspiel mit 4 Lavastücken Clemens auf gar keinen Fall das Spiel beginnen sollte!
Beobachtung Übrigens könnte man für diese Erkenntnis auch die drei ersten Zeilen von Tab. 10.1 ausnutzen, da Spieler 2 ja nun am Zug ist und sich damit die Rollen der beiden Spieler vertauscht haben, was das „am Zug sein"

S. Schindler-Tschirner und W. Schindler, *Mathematische Geschichten I – Graphen, Spiele und Beweise*, essentials,
https://doi.org/10.1007/978-3-658-25498-8_10

Tab. 10.1 Drachenspiel: Wer kann den Gewinn erzwingen?

Lavastücke	Spieler 1 (am Zug)	Spieler 2
1	(G)	
2	(G)	
3	(G)	
4		(G)
5	(G)	
6	(G)	
7	(G)	
8		(G)

Diese Tabelle zeigt, welcher Spieler den Gewinn erzwingen kann (G), wenn Spieler 1 beginnt

betrifft. Das mag an dieser Stelle übertrieben erscheinen, ist aber eine nützliche Beobachtung!

c) Wie gewinnt Spieler 1, wenn 5 Lavastücke auf dem Tisch liegen? Mit unseren Vorüberlegungen ist das jetzt ganz einfach zu beantworten: Er nimmt genau ein Lavastück weg! Dann bleiben 4 Lavastücke übrig, und Spieler 2 ist jetzt am Zug! Wir wissen aber schon, dass es bei einem Drachenspiel mit 4 Lavastücken ungünstig ist, das Spiel zu beginnen. Genauso verhält es sich, wenn zu Beginn des Spiels 6 oder 7 Lavastücke auf dem Tisch liegen: Spieler 1 nimmt im ersten Zug 2 bzw. 3 Lavastücke weg.
Als nächstes betrachten wir das Lavaspiel mit 8 Lavastücken. Tab. 10.1 besagt, dass Spieler 2 den Gewinn erzwingen kann, aber wie geht das? Spieler 1 nimmt 1, 2 oder 3 Lavastücke weg, sodass 7, 6 oder 5 Lavastücke übrig bleiben. Wir wissen aber schon, dass der am Zug befindliche Spieler verliert, wenn 4 Spielsteine auf dem Tisch liegen. Mit diesem Wissen nimmt Spieler 2 einfach 3, 2 bzw. 1 Lavastücke weg, sodass genau 4 Spielsteine übrig bleiben.

d) **Beobachtung** Spieler 2 kann erzwingen, dass Spieler 1 und er in ihren beiden ersten Zügen zusammen genau 4 Lavastücke wegnehmen ($1+3$, $2+2$ oder $1+3$). Bei der Variante mit 8 Lavastücken überführt Spieler 2 das Lavaspiel mit 8 Lavastücken in eine Spielvariante mit 4 Lavastücken, bei der Spieler 1 wieder am Zug ist! Wir wissen ja bereits, dass dies für Spieler 2 gewonnen ist.
Was hilft uns diese Beobachtung? Sehr viel! Sie stellt den Schlüssel zur Lösung unserer Aufgabe dar: Spieler 2 kann die Anzahl der Lavastücke schrittweise um 4 reduzieren, und Spieler 1 ist dann wieder am Zug. Für das Lavaspiel mit 12 Lavastücken heißt das: Egal, was Spieler 1 macht, reduziert

Spieler 2 mit seinem Zug die verbleibenden Lavastücke auf 8 und dann auf 4 und schließlich auf 0.

e) Und weiter: Spielvarianten mit 4, 8, 12, 16, 20, 24, ... Spielsteinen sind für Spieler 2 immer gewonnen, wenn er die richtige Strategie kennt. Für das echte Drachenspiel mit 24 Lavastücken bedeutet das: Clemens sollte auf keinen Fall beginnen. Beginnt der Drache, reagiert Clemens so, dass für den Drachen nacheinander 20, 16, 12, 8, 4 und schließlich 0 Lavastücke übrig bleiben. Clemens kann also immer gewinnen, wenn der Drache den ersten Zug macht.

Mathematische Ziele und Ausblicke

Das Lavaspiel endet nach endlich vielen Schritten. Bei solchen Spielen ist es oft zielführend, das Spiel vom Ende her zu analysieren. Die entscheidende Lösungsidee, nämlich dass der Spieler in der Hinterhand stets erzwingen kann, dass die beiden Spieler in ihren nächsten Spielzügen zusammen 4 Spielsteine vom Tisch nehmen, wurde durch die Analyse von kleinen Spielbeispielen mit wenigen Spielsteinen erkannt.

Die Kinder lernen die Technik kennen, ein schwieriges mathematisches Problem schrittweise in Probleme zu überführen, die einfacher zu lösen sind; hier das (Original-)Drachenspiel mit 24 Spielsteinen in Drachenspiele mit 20 Spielsteinen, mit 16 Spielsteinen, ..., und schließlich nur noch mit 4 Spielsteinen.

Wie in Kap. 2 und 3 ist der Beweis, dass die beschriebene Strategie tatsächlich den Gewinn erzwingt, klar und nachvollziehbar und nicht vage oder beliebig (etwa: „Spieler 2 kann gewinnen, weil das in mehreren Spielrunden so war.“). Die Schüler haben also wieder einen strengen mathematischen Beweis geführt.

In diesem und im folgenden Abenteuer werden zwei „Wegnehmspiele“ genauer untersucht. In der mathematischen Literatur findet man verschiedenste Varianten von Wegnehmspielen mit unterschiedlichem Schwierigkeitsgrad. Erwähnenswert ist vielleicht, dass während der Berliner Industrieausstellung 1951 das englische „Elektronengehirn“ Nimrod (Originalbezeichnung; ein Großrechner) drei Partien NIM (ein komplizierteres Wegnehmspiel) gegen den damaligen Bundeswirtschaftsminister und späteren Bundeskanzler Ludwig Erhard gespielt und gewonnen hat (Schmitz 2017).

Dieses Abenteuer führt in die mathematische Spieltheorie ein. Die Spieltheorie stellt einen Zweig der Mathematik dar, der zahlreiche Anwendungen besitzt, u. a. in den Wirtschaftswissenschaften. Anders als bei dem Drachenspiel kann ein Spieler dort den Gewinn normalerweise nicht erzwingen, da zufällige Ereignisse den Ausgang des Spiels beeinflussen. Bei diesen Spielen geht es darum, Spielstrategien zu bestimmen, die (in einem zu präzisierendem Sinn) optimal sind.

Mathematische Spiele, genauer gesagt, die Suche nach optimalen Strategien, spielt auch bei Mathematikwettbewerben eine Rolle (vgl. z. B. Mathematik-Olympiaden e. V. 2009, Aufgabe 480941, 2013a, Aufgabe 520514, oder diverse Aufgaben aus dem Bundeswettbewerb Mathematik). Vielleicht machen sich die Kinder zukünftig auch bei „normalen" Spielen Gedanken über optimale Strategien.

11 Musterlösung zu Kapitel 5

Dieses Abenteuer setzt das vorherige Abenteuer fort. Es werden die Spielregeln des Drachenspiels geändert, und das hat Auswirkungen auf die optimale Spielstrategie.

a) Die Schüler sollten sich mit den geänderten Regeln vertraut machen und gegeneinander spielen.

Tab. 11.1 fasst die Ergebnisse zu den Teilaufgaben b) und c) zusammen. In der linken Spalte sind die Anzahl der Lavastücke eingetragen, mit denen die vereinfachte Variante des Superdrachenspiels gespielt wird. Der Eintrag (G) bedeutet, dass dieser Spieler den Gewinn erzwingen kann, wenn er die beste Strategie spielt.

b) Für 1 Lavastück gewinnt natürlich Spieler 2, da jetzt der Spieler verliert, der das letzte Lavastück vom Tisch nehmen muss. Dass beim Superdrachenspiel der am Zuge befindliche Spieler für 2, 3, 4 oder 5 Lavastücke gewinnen kann, ist völlig klar. Er muss ja nur bis auf eines alle Lavastücke wegnehmen, die auf dem Tisch liegen.
c) Die Variante des Superdrachenspiels mit 6 Spielsteinen ist wieder für Spieler 2 günstig. Egal was Spieler 1 in seinem ersten Zug macht: Spieler 2 lässt genau einen Spielstein auf dem Tisch, und Spieler 1 verliert. Bei 7, 8, 9 oder 10 Lavastücken gewinnt Spieler 1, indem er 1, 2, 3 bzw. 4 Lavastücke vom Tisch nimmt. Dann bleiben 6 Lavastücke übrig, und das ist, wie wir gerade gesehen haben, für den Spieler, der am Zug ist, sehr ungünstig.
d) **Beobachtung** Entscheidend ist auch hier, dass der nicht am Zug befindliche Spieler stets erreichen kann, dass der andere Spieler und er in ihren beiden nächsten Zügen zusammen genau 5 Spielsteine entfernen. (Beim Drachenspiel war die „kritische Zahl" 4. Es ist wichtig, diesen Unterschied herauszuarbeiten.)

S. Schindler-Tschirner und W. Schindler, *Mathematische Geschichten I – Graphen, Spiele und Beweise,* essentials,
https://doi.org/10.1007/978-3-658-25498-8_11

Tab. 11.1 Superdrachenspiel: Wer kann den Gewinn erzwingen?

Lavastücke	Spieler 1 (am Zug)	Spieler 2
1		(G)
2	(G)	
3	(G)	
4	(G)	
5	(G)	
6		(G)
7	(G)	
8	(G)	
9	(G)	
10	(G)	
11		(G)

Diese Tabelle zeigt, welcher Spieler den Gewinn erzwingen kann (G), wenn Spieler 1 beginnt

Spielvarianten mit 1, 6, 11, 16, 21, ... Spielsteinen sind für den beginnenden Spieler stets ungünstig.

Für das Superdrachenspiel mit 24 Lavastücken bedeutet dies: Clemens sollte beginnen. Er gewinnt, indem er mit seinen Zügen die folgenden Zwischenspielstände erzwingt: 21, 16, 11, 6, 1.

e) Bei der Spielvariante mit 41 Lavastücken gewinnt Spieler 2, indem er sukzessiv die Zwischenstände 36, 31, 26, 21, 16, 11, 6, 1 herbeiführt.

f) Bei der Spielvariante mit 43 Lavastücken kann Spieler 1 den Sieg erzwingen, indem er im ersten Zug 2 Lavastücke wegnimmt und somit 41 Lavastücke verbleiben. Jetzt ist Spieler 2 am Zug, und wir wissen ja aus Teilaufgabe e), dass bei 41 Lavastücken (bei bestem Spiel von Spieler 2) derjenige Spieler verliert, der beginnt.

Mathematische Ziele und Ausblicke

Dieses mathematische Abenteuer ist sehr eng mit dem letzten mathematischen Abenteuer verwandt. Die Schüler erhalten so die Gelegenheit, das Erlernte noch einmal anzuwenden und zu vertiefen.

Musterlösung zu Kapitel 6 12

In diesem Kapitel lernen die Schüler, was ein gerichteter Graph ist. Die Teilaufgaben a)–f) führen auf h) hin. Ähnlich wie beim Drachen- und Superdrachenspiel wird das Ausgangsproblem in mehreren Schritten in einfachere Probleme überführt.

Die Aufgabenteile a)–c) sind recht einfach. Sie sollten von allen Schülern erfolgreich bearbeitet werden, was ihnen erste Erfolgserlebnisse beschert.

a) Beispiele für weitere HONIG-Pfade: $H_2O_2N_2I_2G_2$, $H_2O_3N_3I_3G_2$, $H_1O_2N_1I_2G_1$, $H_3O_3N_2I_3G_3$, $H_1O_2N_2I_2G_1$.
b) Es gibt 5 „IG"-Pfade, und zwar: I_1G_1, I_2G_1, I_2G_2, I_3G_2, I_3G_3.
c) Es gibt 5 „NI"-Pfade, und zwar: N_1I_1, N_1I_2, N_2I_2, N_2I_3, N_3I_3.
d) Ab diesem Aufgabenteil wird dieses Abenteuer mathematisch interessant. Es ist klar, dass man jeden „NI"-Pfad zu einem „NIG"-Pfad ergänzen kann. Aufgrund der Anordnung der Zellen gibt es hierfür jeweils eine oder zwei Möglichkeiten. Wir schreiben die „NIG"-Pfade systematisch auf. Dabei behalten wir die „NI"-Pfad-Reihenfolge in Aufgabenteil c) bei und ergänzen die „NI"-Pfade nacheinander zu „NIG"-Pfaden: $N_1I_1G_1$, $N_1I_2G_1$, $N_1I_2G_2$, $N_2I_2G_1$, $N_2I_2G_2$, $N_2I_3G_2$, $N_2I_3G_3$, $N_3I_3G_2$, $N_3I_3G_3$. Das sind insgesamt 9 „NIG"-Pfade.
Beobachtung Der „NI"-Pfad N_1I_1 kann nur auf eine Weise zu einem „NIG"-Pfad fortgesetzt werden, nämlich mit G_1. Die vier anderen „NI"-Pfade können auf jeweils zwei Arten fortgesetzt werden. Mit dieser Beobachtung kann man auf einfache Weise die Anzahl der „NIG"-Pfade berechnen, und zwar gibt es $1 \cdot 1 + 4 \cdot 2 = 9$ „NIG"-Pfade, wie wir ja bereits wissen. Diese Beobachtung liefert den Schlüssel zur eigentlichen, schwierigeren Aufgabe, nämlich die Anzahl der „HONIG"-Pfade zu bestimmen, ohne diese mühsam einzeln aufschreiben zu müssen. Außerdem kann man ja auch leicht einen Pfad vergessen.

S. Schindler-Tschirner und W. Schindler, *Mathematische Geschichten I – Graphen, Spiele und Beweise*, essentials,
https://doi.org/10.1007/978-3-658-25498-8_12

Didaktische Anregung Diese Beobachtung sollte mit den Schülern ausführlich besprochen werden. Sobald dieser Sachverhalt klar ist, kann es weitergehen. Die Schüler sollten nicht zu schnell davon abgehalten werden, alle „HONIG"-Pfade zu suchen. Systematisch sortiert (wie in der Musterlösung zu d)), kann dies helfen, den Schülern die allgemeine Systematik zu verdeutlichen.

e) Die Abb. 12.1 beschreibt die Wabenstruktur als ein gerichteter Graph mit den Buchstaben als Ecken. So weist beispielsweise ein Pfeil von O_2 zu N_1, da deren Zellen eine gemeinsame Kante haben. Einen „HONIG"-Pfad erhält man, indem man mit einem „H" beginnt und den Pfeilen folgt.

In den Teilaufgaben f) und g) wird noch einmal die Strategie aus Teilaufgabe d) aufgegriffen, dieses Mal für vollständige „HONIG"-Pfade anstelle von „NIG"-Pfaden. Da dies für Teilaufgabe h) ein wichtiger Schritt ist, sollen die Schüler dieses Vorgehen noch einmal einüben.

f) Den Pfad „HONI"-Pfad $H_2O_2N_1I_1$ kann man nur auf *eine* Weise zu einem „HONIG"-Pfad ergänzen, nämlich durch G_1. Dasselbe gilt offensichtlich auch für jeden anderen „HONI"-Pfad, der in I_1 endet. Beispiel: $H_1O_1N_1I_1$.
g) Wie in Teilaufgabe f) ist die „Vorgeschichte" „HON" gleichgültig. Wichtig ist nur, dass der „HONI"-Pfad in I_2 endet. Einen solchen Pfad kann man durch G_1 oder G_2, also auf *zwei* Arten zu einem „HONIG"-Pfad fortsetzen. Ebenso kann jeder „HONI"-Pfad, der in I_3 endet, auf zwei Arten zu einem „HONIG"-Pfad fortgesetzt werden.
h) Ab hier wird die Aufgabe wirklich interessant, aber auch schwieriger. Der Kursleiter sollte für die letzte Teilaufgabe genügend viel Zeit einplanen. Der Aufgabenteil h) sollte mit den Schülern gemeinsam bearbeitet werden.

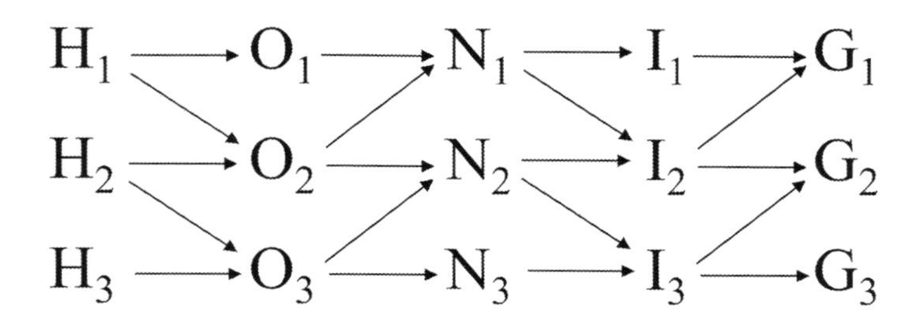

Abb. 12.1 Darstellung der Wabe „HONIG" als gerichteter Graph

Aus f) und g) wissen wir bereits, dass man ein „HONI"-Pfad, der in I_1 endet, auf genau eine Art zu einem „HONIG"-Pfad fortsetzen kann. Endet der „HONI"-Pfad in I_2 oder in I_3, so gibt es jeweils zwei Möglichkeiten.

Beobachtung Wenn wir also wüssten, wie viele „HONI"-Pfade in I_1 (in I_2 bzw. in I_3) enden, wüssten wir auch, wie viele „HONIG"-Pfade durch I_1 (durch I_2 bzw. durch I_3) gehen. Genauer: Es gibt ebenso viele „HONI"-Pfade, die in I_1 enden wie es „HONIG"-Pfade gibt, die durch I_1 gehen. Es gibt doppelt so viele „HONIG"-Pfade, die durch I_2 (bzw. durch I_3) gehen wie es „HONI"-Pfade gibt, die in I_2 (bzw. in I_3) enden. Zählte man dann die drei Anzahlen von „HONIG"-Pfaden zusammen, wäre die Teilaufgabe h) gelöst.

Leider wissen wir noch nicht, wie viele „HONI"-Pfade in I_1, I_2 bzw. I_3 enden, aber das ist ein einfacheres Problem, da nicht mehr 5, sondern nur noch 4 Buchstaben zu berücksichtigen sind. Abb. 12.2 fasst unsere bisherigen Erkenntnisse zusammen. Wir haben die letzte „Schicht" von Ecken (die den Buchstaben „G_1", „G_2" und „G_3" repräsentieren) und die dorthin gehenden Kanten entfernt und erhalten so einen Teilgraphen des Ausgangsgraphen. Die Zahlen in den eckigen Klammern hinter I_1, I_2 und I_3 geben an, wie viele Möglichkeiten es gibt, einen „HONI"-Pfad fortzusetzen, der an dieser Stelle endet. Diese werden in den Abbildungen kurz als „Restpfad-Anzahlen" bezeichnet.

Diese Strategie setzen wir fort. Ein „HON"-Pfad, der in N_1 endet, kann man mit I_1 oder I_2 zu einem „HONI"-Pfad fortsetzen. Der Teilgraph in Abb. 12.2 (bzw. die Wabe Abb. 6.2) zeigt, dass dieser „HONI"-Pfad wiederum nur eine Fortsetzung (wenn er durch I_1 geht) bzw. genau zwei Fortsetzungen (wenn er durch I_2 geht) zu einem „HONIG"-Pfad erlaubt. Das bedeutet aber nichts anderes, dass man einen „HON"-Pfad, der in N_1 endet, auf $1+2=3$ Arten zu einem „HONIG"-Pfad fortsetzen kann. (Beispiel: Der „HON"-Pfad $H_2O_2N_1$ kann zu den „HONIG"-Pfaden $H_2O_2N_1I_1G_1$, $H_2O_2N_1I_2G_1$ und $H_2O_2N_1I_2G_2$ ergänzt werden. Allerdings interessieren uns die

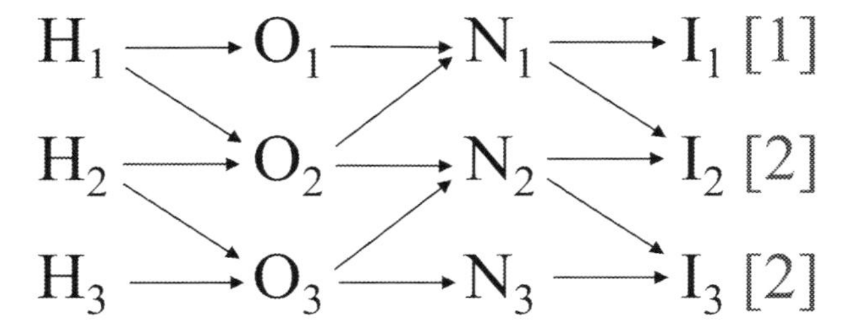

Abb. 12.2 Worträtsel „HONIG": Teilgraph mit Restpfad-Anzahlen

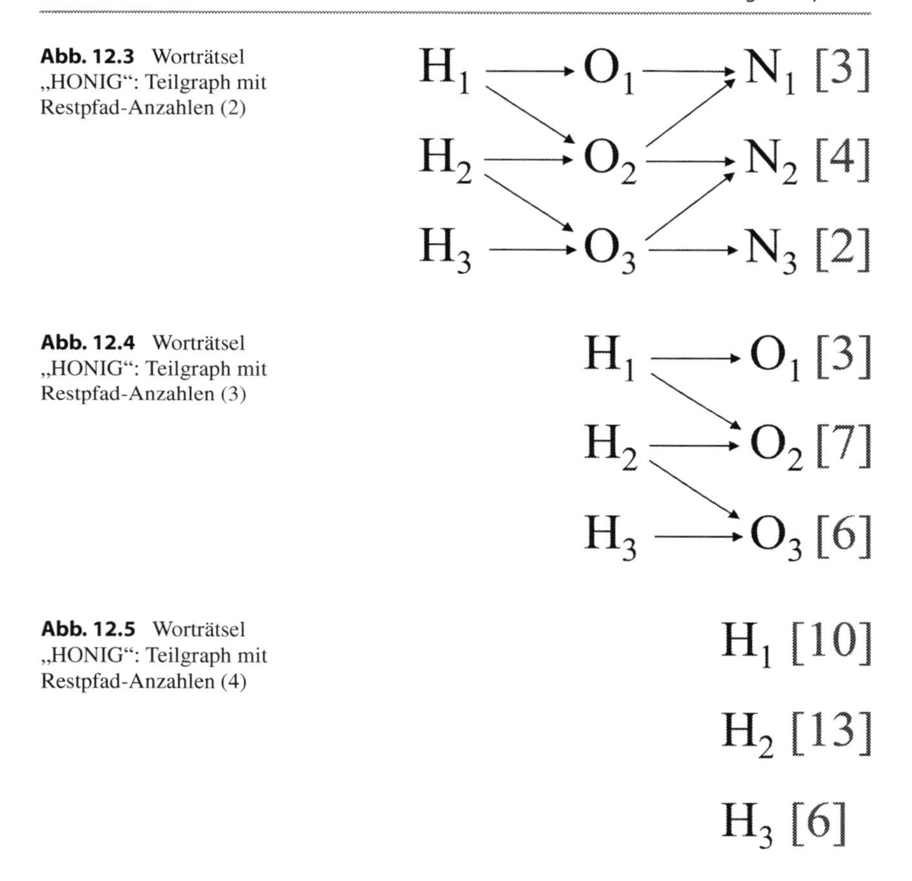

Abb. 12.3 Worträtsel „HONIG“: Teilgraph mit Restpfad-Anzahlen (2)

Abb. 12.4 Worträtsel „HONIG“: Teilgraph mit Restpfad-Anzahlen (3)

Abb. 12.5 Worträtsel „HONIG“: Teilgraph mit Restpfad-Anzahlen (4)

konkreten Pfade nicht, sondern nur deren Anzahl.) Endet der „HON“-Pfad indes in N_2, so gibt es $2+2=4$ Möglichkeiten; endet er in N_3, so gibt es nur 2 Möglichkeiten, da I_3 ja erzwungen ist. (Hierfür addiert man die Zahlen in den eckigen Klammern hinter den I-Buchstaben, die man von dem jeweiligen N erreichen kann.) Wir haben unsere Aufgabenstellung also weiter vereinfacht. Abb. 12.3 illustriert die neue Situation.

Abb. 12.3 zeigt, dass jeder „HON“-Pfad, der in N_2 endet, sich auf 4 Arten zu einem „HONIG“-Pfad fortsetzen lässt. Dreht man das Rad nochmals zurück, erhält man die Abbildungen Abb. 12.4 und 12.5. Aber was besagt nun Abb. 12.5? Der Eintrag $H_1[10]$ beispielsweise bedeutet, dass jeder „H“-Pfad, der in H_1 beginnt (und endet), auf genau 10 Arten zu einem „HONIG“-Pfad ergänzt werden kann, der in H_1 beginnt. Entsprechende Aussagen gelten für „H“-Pfade, die in

H_2 oder in H_3 enden. Nun gibt es natürlich nur genau einen „H"-Pfad, der in H_1 (bzw. in H_2, bzw. in H_3) beginnt und endet. Unser fortgesetztes Reduzieren auf immer kürzere Pfade hat also Früchte getragen. Damit ist aber Aufgabe h) gelöst: Insgesamt gibt es also $10+13+6=29$ „HONIG"-Pfade.

Didaktische Anregung Das Lösungsverfahren für Teilaufgabe h) ist methodisch nicht ganz einfach und kann gerade bei Drittklässlern zu Schwierigkeiten führen. Je nach Zusammensetzung der AG und seinen bisherigen Erfahrungen kann der Kursleiter die Teilaufgabe h) weglassen oder die Schüler einfach alle „HONIG"-Pfade suchen lassen. Die Musterlösung verrät ja, wie viele Pfade es sind. Allerdings hat dies auch Auswirkungen auf Kap. 7. In diesem Fall müsste der Kursleiter in Kap. 7 ersatzweise einfachere Teilaufgaben formulieren, analog zu a)–g) in diesem Kapitel, oder die Schüler die „NEKTAR"- und „BLÜTEN"-Pfade suchen lassen.

Mathematische Ziele und Ausblicke
Dieses Kapitel knüpft in verschiedener Hinsicht gleich an mehrere frühere Kapitel an. Wie in Kap. 2 wird ein Realweltproblem zunächst in ein Graphenproblem (hier: Modellierung als gerichteter Graph) überführt. Ähnlich wie in Kap. 4 und 5 wird eine schwierige Ausgangsfragestellung systematisch schrittweise in einfachere Probleme überführt, aus deren Lösungen man schließlich die Lösung für das Ausgangsproblem erhält.

An dieser Stelle sei darauf hingewiesen, dass in (Nolte 2006) verschiedene Wort- und Wegerätsel beschrieben werden. Dieser Aufsatz geht aber nicht näher auf Lösungsmethoden ein, sondern konzentriert sich auf didaktische Aspekte und schildert praktische Erfahrungen.

Musterlösung zu Kapitel 7

13

Das letzte mathematische Abenteuer war methodisch ziemlich schwierig gewesen und hat möglicherweise zu einiger Frustration geführt. In Kap. 7 gilt es, die in Kap. 6 erarbeitete Lösungsmethode anzuwenden und zu vertiefen. Besondere Schwierigkeiten lauern hier also nicht. Dennoch ist dieses Abenteuer wichtig, um das Lösungsverfahren einzuüben und zu vertiefen und um den Schülern weitere Erfolgserlebnisse zu bescheren.

a) Abb. 13.1 stellt die Wabe aus Abb. 7.1 als gerichteter Graph dar.

In den nächsten Schritten arbeiten wir uns wie in Kap. 12 von rechts nach links vor und überführen das Ausgangsproblem schrittweise in einfachere Probleme (vgl. auch die Abb. 12.2 bis 12.5). Abb. 13.2 beschreibt den ersten Schritt.

Die weitere Vorgehensweise kennen wir bereits aus dem letzten mathematischen Abenteuer aus Kap. 6. Daher geben wir nur die Teilgraphen mit Restpfad-Anzahlen (Abb. 13.2, 13.3, 13.4, 13.5 und 13.6) ohne weitere Erläuterungen an.

Aus Abb. 13.6 folgt schließlich die Lösung: Es gibt insgesamt $17+7=24$ „NEKTAR"-Pfade.

S. Schindler-Tschirner und W. Schindler, *Mathematische Geschichten I – Graphen, Spiele und Beweise,* essentials,
https://doi.org/10.1007/978-3-658-25498-8_13

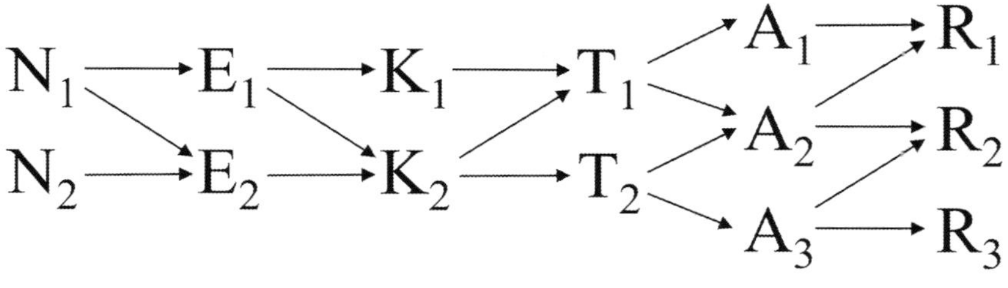

Abb. 13.1 Darstellung der Wabe „NEKTAR“ als gerichteter Graph

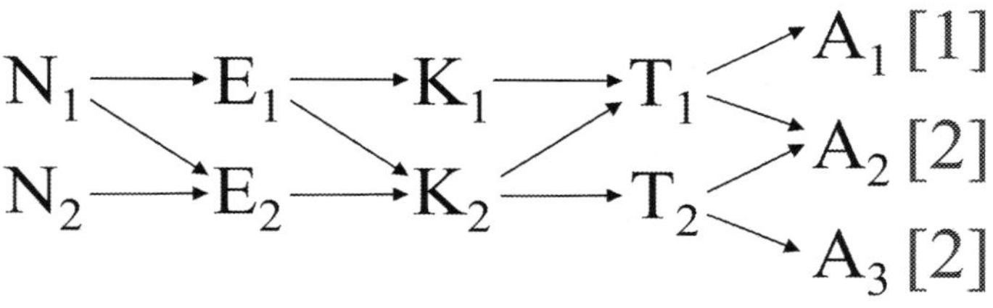

Abb. 13.2 Worträtsel „NEKTAR“: Teilgraph mit Restpfad-Anzahlen

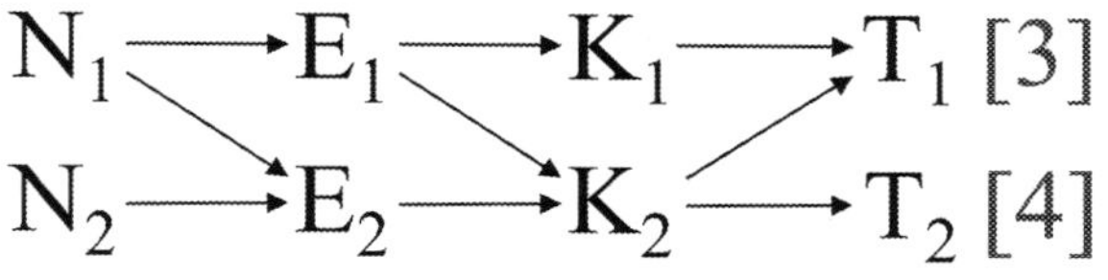

Abb. 13.3 Worträtsel „NEKTAR“: Teilgraph mit Restpfad-Anzahlen (2)

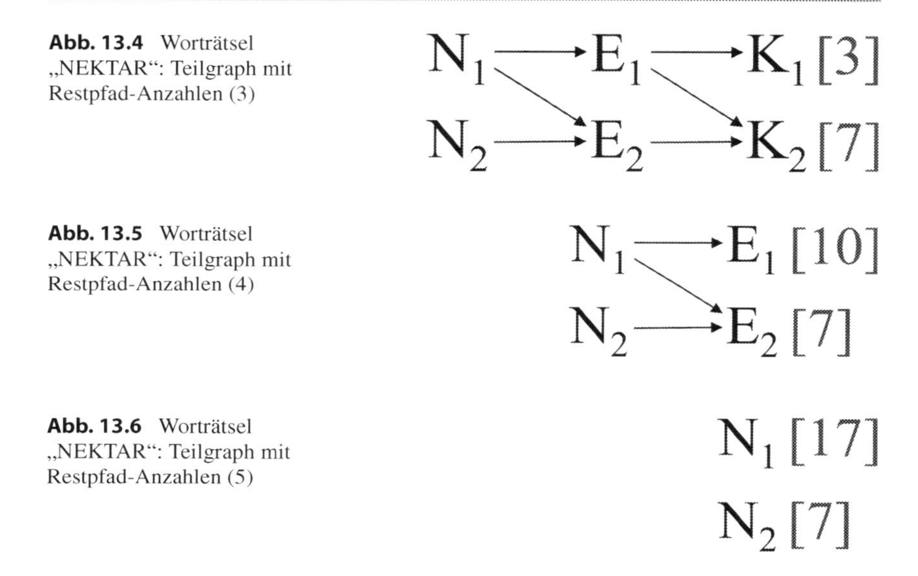

Abb. 13.4 Worträtsel „NEKTAR“: Teilgraph mit Restpfad-Anzahlen (3)

Abb. 13.5 Worträtsel „NEKTAR“: Teilgraph mit Restpfad-Anzahlen (4)

Abb. 13.6 Worträtsel „NEKTAR“: Teilgraph mit Restpfad-Anzahlen (5)

b) Die Lösung des zweiten Worträtsels „BLÜTEN“ geht analog. Zunächst stellen wir die Wabe wieder als gerichteten Graphen dar (vgl. Abb. 13.7).
Die nächsten Schritte sind die gleichen wie zur Lösung von Kap. 6 h) und 7 a). Auf nähere Erläuterungen wird daher verzichtet. Die Abb. 13.8, 13.9, 13.10, 13.11 und 13.12 beschreiben den Lösungsweg für Teilaufgabe b).

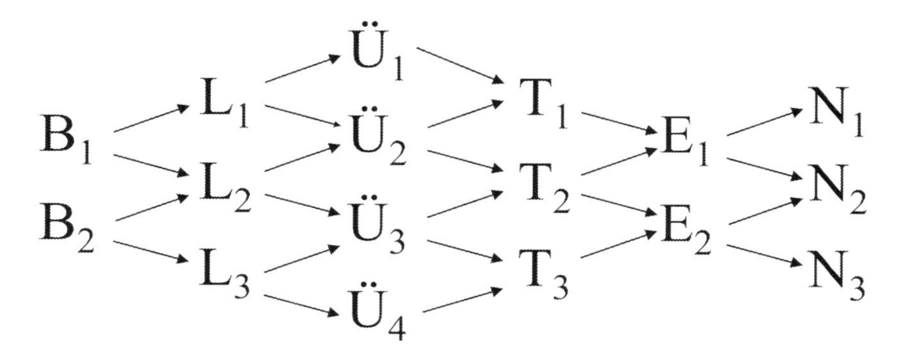

Abb. 13.7 Darstellung der Wabe „BLÜTEN“ als gerichteter Graph

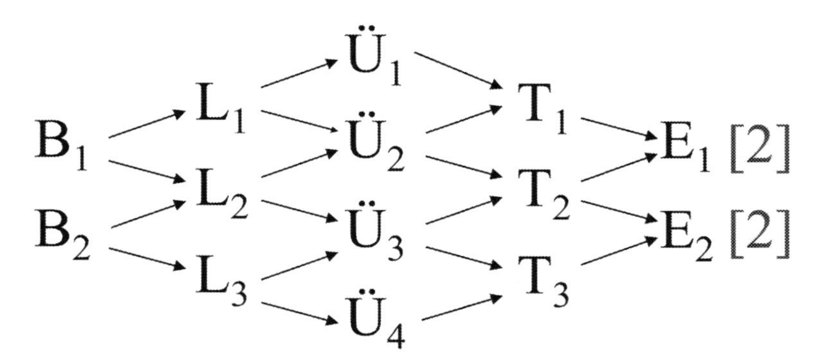

Abb. 13.8 Worträtsel „BLÜTEN“: Teilgraph mit Restpfad-Anzahlen

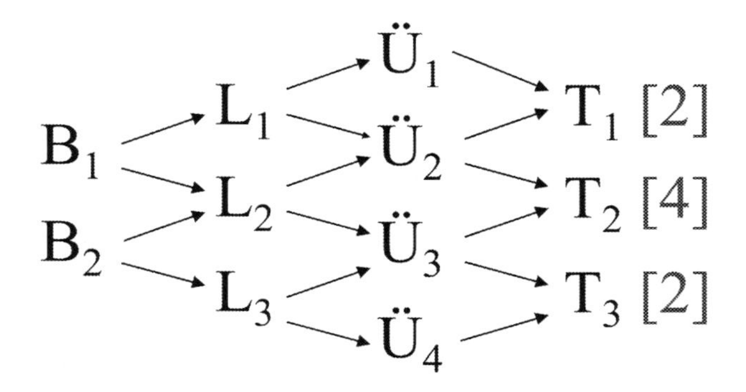

Abb. 13.9 Worträtsel „BLÜTEN“: Teilgraph mit Restpfad-Anzahlen (2)

Aus Abb. 13.12 folgt schließlich, dass es $20+20=40$ verschiedene „BLÜTEN“-Pfade gibt.

c) Eine Musterlösung für den Aufgabenteil c) kann hier natürlich nicht angegeben werden, da sich die Schüler die Aufgaben ja selbst ausdenken. Der Lösungsweg sollte aber eigentlich klar sein.

Didaktische Anregung Der Kursleiter sollte mehreren Schülern die Gelegenheit geben, ihre Wabe und ihren Lösungsweg an der Tafel darzustellen Dies übt das Darstellen eigener Lösungswege, und alle Kursteilnehmer erhalten die Gelegenheit, das allgemeine Lösungsverfahren nochmals nachzuvollziehen.

Abb. 13.10 Worträtsel „BLÜTEN“: Teilgraph mit Restpfad-Anzahlen (3)

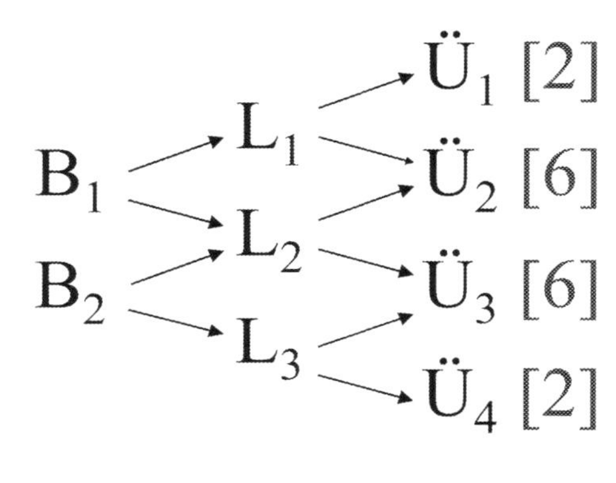

Abb. 13.11 Worträtsel „BLÜTEN“: Teilgraph mit Restpfad-Anzahlen (4)

B_1 B_2

L_1 [8]
L_2 [12]
L_3 [8]

Abb. 13.12 Worträtsel „BLÜTEN“: Teilgraph mit Restpfad-Anzahlen (5)

B_1 [20]

B_2 [20]

Mathematische Ziele und Ausblicke
Vgl. Kap. 12.

Was Sie aus diesem *essential* mitnehmen können

Dieses Buch stellt sorgfältig ausgearbeitete Lerneinheiten mit ausführlichen Musterlösungen für eine Mathematik-AG für begabte Schülerinnen und Schüler in der Grundschule bereit. In sechs mathematischen Geschichten haben Sie

- gelernt, wie man Realweltprobleme als Graphenprobleme modellieren und lösen kann.
- schwierige Probleme schrittweise auf einfachere zurückgeführt.
- einfache Spiele analysiert und die optimalen Spielstrategien bestimmt.
- gelernt, dass in der Mathematik Beweise notwendig sind, und Sie haben Beweise in unterschiedlichen Anwendungskontexten selbst geführt.

S. Schindler-Tschirner und W. Schindler, *Mathematische Geschichten I – Graphen, Spiele und Beweise,* essentials,
https://doi.org/10.1007/978-3-658-25498-8

Literatur

Amann, F. (2017). *Mathematikaufgaben zur Binnendifferenzierung und Begabtenförderung. 300 Beispiele aus der Sekundarstufe I.* Wiesbaden: Springer Spektrum.

Ballik, T. (2012). *Mathematik-Olympiade*. Brunn am Gebirge: Ikon.

Bardy, P. (2007). *Mathematisch begabte Grundschulkinder – Diagnostik und Förderung.* Wiesbaden: Springer Spektrum.

Bardy, P., & Hrzán, J. (2010). *Aufgaben für kleine Mathematiker mit ausführlichen Lösungen und didaktischen Hinweisen* (3. Aufl.). Köln: Aulis.

Bauersfeld, H., & Kießwetter, K. (Hrsg.). (2006). *Wie fördert man mathematisch besonders befähigte Kinder? – Ein Buch aus der Praxis für die Praxis.* Offenburg: Mildenberger.

Benz, C., Peter-Koop, A., & Grüßing, M. (2015). *Frühe mathematische Bildung: Mathematiklernen der Drei- bis Achtjährigen.* Wiesbaden: Springer Spektrum.

Beutelspacher, A. (2005). *Christian und die Zahlenkünstler – Eine Reise in die wundersame Welt der Mathematik.* München: Beck.

Beutelspacher, A., & Wagner, M. (2010). *Wie man durch eine Postkarte steigt … und andere mathematische Experimente* (2. Aufl.). Freiburg: Herder.

Daems, J., & Smeets, I. (2016). *Mit den Mathemädels durch die Welt.* Berlin: Springer.

Engel, A. (1998). *Problem-solving strategies*. New York: Springer.

Enzensberger, H. M. (2018). *Der Zahlenteufel. Ein Kopfkissenbuch für alle, die Angst vor der Mathematik haben* (3. Aufl.). München: dtv.

Fritzlar, T. (2013). Mathematische Begabungen im Grundschulalter – Ein Überblick zu aktuellen Fachdidaktischen Forschungsarbeiten. *Mathematica Didacta, 36,* 5–27.

Goldsmith, M. (2013). *So wirst du ein Mathe-Genie.* München: Dorling Kindersley.

Grüßing, M., & Peter-Koop, A. (2006). *Die Entwicklung mathematischen Denkens in Kindergarten und Grundschule: Beobachten – Fördern – Dokumentieren*. Offenburg: Mildenberger.

Institut für Mathematik der Johannes-Gutenberg-Universität Mainz, Monoid-Redaktion. (Hrsg.). (1981–2019). *Monoid – Mathematikblatt für Mitdenker.* Mainz: Institut für Mathematik der Johannes-Gutenberg-Universität Mainz, Monoid-Redaktion.

Jainta, P., Andrews, L., Faulhaber, A., Hell, B., Rinsdorf, E., & Streib, C. (2018) *Mathe ist noch mehr. Aufgaben und Lösungen der Fürther Mathematik-Olympiade 2012–2017.* Wiesbaden: Springer Spektrum.

S. Schindler-Tschirner und W. Schindler, *Mathematische Geschichten I – Graphen, Spiele und Beweise,* essentials,
https://doi.org/10.1007/978-3-658-25498-8

Käpnick, F. (2014). *Mathematiklernen in der Grundschule.* Wiesbaden: Springer Spektrum.

Kobr, S., Kobr, U., Kullen, C., & Pütz, B. (2017). *Mathe-Stars 4 – Fit für die fünfte Klasse.* München: Oldenbourg.

Kopf, Y. (2009). *Mathematik für hochbegabte Kinder: Vertiefende Aufgaben für die 3. Klasse: Kopiervorlagen mit Lösungen.* Augsburg: Brigg.

Kopf, Y. (2010). *Mathematik für hochbegabte Kinder: Vertiefende Aufgaben für die 4. Klasse: Kopiervorlagen mit Lösungen.* Augsburg: Brigg.

Krauthausen, G. (2018). *Einführung in die Mathematikdidaktik – Grundschule* (4. Aufl.). Wiesbaden: Springer Spektrum.

Krutetski, V. A. (1968). *The psychology of mathematical abilities in schoolchildren.* Chicago: Chicago Press.

Krutezki, W. A. (1968). Altersbesonderheiten der Entwicklung mathematischer Fähigkeiten bei Schülern. *Mathematik in der Schule, 8,* 44–58.

Langmann, H.-H., Quaisser, E., & Specht, E. (Hrsg.). (2016). *Bundeswettbewerb Mathematik: Die schönsten Aufgaben.* Wiesbaden: Springer Spektrum.

Leiken, R., Koichu, B., & Berman, A. (2009). Mathematical giftedness as a quality of problem solving acts. In R. Leiken et al. (Hrsg.), *Creativity in mathematics and the education of gifted students* (S. 115–227). Rotterdam: Sense Publishers.

Löh, C., Krauss, S., & Kilbertus, N. (Hrsg.). (2016). *Quod erat knobelandum: Themen, Aufgaben und Lösungen des Schülerzirkels Mathematik der Universität Regensburg.* Wiesbaden: Springer Spektrum.

Mathematik-Olympiaden e. V. Rostock. (Hrsg.). (1996–2016). *Die 35. Mathematik-Olympiade 1995/1996 – Die 55. Mathematik-Olympiade 2015/2016.* Glinde: Hereus.

Mathematik-Olympiaden e. V. Rostock. (Hrsg.). (2009). *Die 48. Mathematik-Olympiade 2008/2009.* Glinde: Hereus.

Mathematik-Olympiaden e. V. Rostock. (Hrsg.). (2013a). *Die 52. Mathematik-Olympiade 2012/2013.* Glinde: Hereus.

Mathematik-Olympiaden e. V. Rostock. (Hrsg.). (2013b). *Die Mathematik-Olympiade in der Grundschule. Aufgaben und Lösungen 2005–2013* (2. Aufl.). Hamburg: Hereus.

Mathematik-Olympiaden e. V. Rostock. (Hrsg.). (2017–2018). *Die 56. Mathematik-Olympiade 2016/2017 – Die 57. Mathematik-Olympiade 2017/2018.* Rostock: Adiant Druck.

Meier, F. (Hrsg.). (2003). *Mathe ist cool! Junior. Eine Sammlung mathematischer Probleme.* Berlin: Cornelsen.

Müller, E., & Reeker, H. (2001). *Mathe ist cool!. Eine Sammlung mathematischer Probleme.* Berlin: Cornelsen.

Noack, M., Unger, A., Geretschläger, R., & Stocker, H. (Hrsg.). (2014). *Mathe mit dem Känguru 4. Die schönsten Aufgaben von 2012 bis 2014.* München: Hanser.

Nolte, M. (2006). Waben, Sechsecke und Palindrome – Erprobung eines Problemfeldes in unterschiedlichen Aufgabenformaten. In H. Bauersfeld & K. Kießwetter (Hrsg.), *Wie fördert man mathematisch besonders befähigte Kinder? – Ein Buch aus der Praxis für die Praxis* (S. 93–112). Offenburg: Mildenberger.

Ruwisch, S., & Peter-Koop, A. (Hrsg.). (2003). *Gute Aufgaben im Mathematikunterricht der Grundschule.* Offenburg: Mildenberger.

Schiemann, S., & Wöstenfeld, R. (2017). *Die Mathe-Wichtel: Bd. 1. Humorvolle Aufgaben mit Lösungen für mathematisches Entdecken ab der Grundschule* (2. Aufl.). Wiesbaden: Springer Spektrum.

Schiemann, S., & Wöstenfeld, R. (2018). *Die Mathe-Wichtel: Bd. 2. Humorvolle Aufgaben mit Lösungen für mathematisches Entdecken ab der Grundschule* (2. Aufl.). Wiesbaden: Springer Spektrum.

Schindler-Tschirner, S., & Schindler, W. (2019). *Mathematische Geschichten II – Rekursion, Teilbarkeit und Beweise. Für begabte Schülerinnen und Schüler in der Grundschule.* Wiesbaden: Springer Spektrum.

Schmitz, P. (2017). Denken wie ein Computer. *c't – Magazin für Computertechnik, 17*, 132–136.

Steinweg, A. S. (2013). *Algebra in der Grundschule – Muster und Strukturen – Gleichungen – funktionale Beziehungen.* Wiesbaden: Springer Spektrum.

Strick, H. K. (2017). *Mathematik ist schön: Anregungen zum Anschauen und Erforschen für Menschen zwischen 9 und 99 Jahren.* Heidelberg: Springer Spektrum.

Strick, H. K. (2018). *Mathematik ist wunderschön: Noch mehr Anregungen zum Anschauen und Erforschen für Menschen zwischen 9 und 99 Jahren.* Berlin: Springer Spektrum.

Verein Fürther Mathematik-Olympiade e. V. (Hrsg.). (2013). *Mathe ist mehr. Aufgaben aus der Fürther Mathematik-Olympiade 2007–2012.* Hallbergmoos: Aulis.

Printed in the United States
By Bookmasters